U0872179

核电厂文档管理经验反馈手册

福清核电　编著

中国原子能出版社

图书在版编目（CIP）数据

核电厂文档管理经验反馈手册 / 福清核电编著. —北京：中国原子能出版社，2020.10

ISBN 978-7-5221-1001-1

Ⅰ. ①核…　Ⅱ. ①福…　Ⅲ. ①核电厂–工程档案–档案管理–经验–信息反馈–手册　Ⅳ. ①TM623-62 ②G275.3-62

中国版本图书馆 CIP 数据核字（2020）第 195431 号

核电厂文档管理经验反馈手册

出版发行	中国原子能出版社（北京市海淀区阜成路 43 号　100048）
责任编辑	王　青　田镇瑜
装帧设计	崔　彤
责任校对	冯莲凤
责任印制	潘玉玲
印　　刷	河北文盛印刷有限公司
经　　销	全国新华书店
开　　本	880 mm×1230 mm　1/32
印　　张	5.375
字　　数	125 千字
版　　次	2020 年 10 月第 1 版　2020 年 10 月第 1 次印刷
书　　号	ISBN 978-7-5221-1001-1　　定　价　**28.00** 元

发行电话：**010-68452845**

版权所有　侵权必究

《核电厂文档管理经验反馈手册》
编　委　会

主　编：邱杰峰

副主编：李朝霞　刘忠秀　袁　雯　程莉红
何洪强　周　梅　邢一杰　查凤华
戴　法　倪　腾

编　委：施千里　刘　鑫　杨建荣　杨　爽
刘朋朋　林子桢　邹鸿运　汪佑栋
李奕奕　陈　莹　李　喆　任　红

前　言

核电厂文档管理是核电工程建设和生产运营的重要内容，也是核电工程项目验收、科研项目专项验收、WANO（世界核电运营者协会）评估、工程质量评审等核电重要活动的组成部分。为了加强核电文档管理经验反馈工作，传承核电文档管理知识，持续改进核电文档管理水平，在中国核能行业协会信息化专委会的建议下，2019 年中国核能电力股份有限公司组织编写了《核电厂文档管理经验反馈手册》（以下简称《手册》）。

本《手册》由来自国家档案局、中国核能电力股份有限公司、核工业档案馆、福建福清核电有限公司、中核核电运行管理有限公司、江苏核电有限公司、三门核电有限公司、海南核电有限公司、中核国电漳州能源有限公司、中核苏能核电有限公司等单位的文档专家和文档人员共同完成。

本《手册》通过对中国核能电力股份有限公司下属电厂在核电工程建设和生产运营活动中的文档管理进行梳理和分析，总结了在文件控制、文件归档、档案保管等工作中取得的经验，同时对核电厂在文档工作中经过长期探索总结出的良好实践进行了介绍。

希望通过本《手册》的出版，增进与国内同行电厂的交流，以及与美国核信息与记录学会等国外同行的交流，推动核电文档管理更加科学化、规范化、标准化。

由于编写人员水平有限，书中难免有疏漏及不当之处，希望能够得到大家的批评与指正！

编　者

2020年6月

目　录

第一部分

文件控制方面经验反馈

1　生产文件无受控章无签字

（1）背景

2017 年 12 月，某核电厂维修人员在企业内容管理信息系统（ECM）中查询文件时发现部分文件有效性不符合现场使用要求，该系统中发布的部分图纸未盖受控文件章，无批准人签字，无法供现场使用。

（2）问题描述

ECM 文档管理系统中发布的某些图纸未盖受控文件章，无批准人签字，该批图纸是由同一个文件管理员同一天处理的，因当天电脑操作问题导致有章和签批人签名的有效文件未覆盖无章版的文件，导致发布了无章版的无效文件。生产文件发布必须加盖受控文件章和批准人签字，以保证文件的有效性。

（3）原因分析

1）文件管理员因操作及系统反应问题，导致有章版文件未覆盖无章版文件，并且上传了无效的文件。

2）文件管理员在发布文件前未对文件的有效性进行再次核查。

（4）整改措施

组织人员对当月发布的生产文件进行全面排查并及时更新 ECM 文档管理系统，保证 ECM 系统发布文件的有效性，保证现场工作的正常利用和开展。

（5）经验反馈

1）文件管理员应加强文件发布前的检查工作，包括文件上传企业生产管理信息系统（EAM）和 ECM 系统后对文件内容进行再次核查，确认无误后再进行发布和分发操作。

2）为保证后续不再出现此类情况提出了整改项：生产文件组成员在每天下班前完成当天已发布文件的核查工作，保证已发布文件的准确性，文件管理员在 ECM 系统修改属性时必须再次对文件进行核查，保证 ECM 系统已发布的文件有效性。

2　生产技术文件未及时升版

（1）背景

2015 年 3 月 15 日，某核电厂信息文档处生产技术文件管理员对公司运行处进行 2015 年第一季度文档专项检查，主要对其各类受控文件的收发流转、版本控制进行监督检查，发现文件未升版问题。

（2）问题描述

已发布的技术支持文件中部分模拟图绘制参考文件为设计系统手册旧版文件及非正式文件：

2015 年 3 月生效的 RRI 设备冷却水系统模拟图 001～008，即 1 RRI MN 001～008 参考文件为设备冷却水系统（RRI）手册（A 版），但该份系统手册已于 2014 年升版为 B 版，且其中单份图纸 001～008 图纸都升版为 B 版。

安全注入系统（RIS）模拟图（1 RRI MN 001～005、007～011、013）参考文件为安全注入系统手册（C 版），但是该 C 版总包单位并没有通过正式渠道发送该电厂，文件封面既没有批准签字也没有受控文件章，该系统手册正式发布的版本为 B 版，且从文件修改记录来看，该正式文件 B 版，比模拟图实际参考的非正式文件 C 版文件内容更新。

另有部分图纸，如系统流程图、逻辑图等图纸绘制的参考文件未标明文件版本，文档部门无法判断是参考的旧版文件还是新版文件，存在文件与现场不一致的隐患。

（3）原因分析

1）RRI 系统模拟图未及时升版分析

维修处于 2012 年启动模拟图绘制工作，并在 2013 年参考当时现有系统手册（A 版）绘制完毕 RRI 系统模拟图，2015 年 3 月通过 EAM 正式生效。期间 2014 年 RRI 系统手册 6.3 章升版为 B 版，未对已绘制完成的模拟图进行修改。

2）RIS 系统模拟图未及时升版分析

RIS 系统手册 6.3 章公司通过正式收文渠道先后收到 A、B 两版，其中 A 版于 2010 年 9 月收到，B 版于 2014 年 6 月收到。RIS 模拟图维修处于 2013 年 3 月绘制完毕，当时绘制模拟图时，公司正式渠道仅收到 A 版系统手册且明显与现场实际存在出入。于是维修处自行通过 EROOM 平台（设计院和设备厂商之间的文件传递平台）获得了总包单位最新版系统手册（C 版 2012 年编制）并作为参考文件进行了图纸绘制，同时也与现场进行了核对，图纸无误。因此在当时未收到最新版系统手册的情况下，维修处利用 EROOM 平台上找到的最新版文件（C 版 2012 年编制）进行了图纸绘制。2014 年 RIS 系统手册 6.3 章升版为 B 版，未对已绘制完成的模拟图进行修改。

3）图纸由工程向生产转化所采用的模式不理想，文件升版体系存在漏洞

图纸管理最理想的模式，是总包方或设计院负责工程建设期间的图纸控制工作，在 TOTO（临时运行移交）移交的同时

向业主移交最终状态的 CAD 版本的图纸，业主在此基础上从事生产运行、技改等相关工作。在这种模式下，业主只负责将生产期间技改产生的变更绘制到 CAD 文件上并发布。

但由于在总包合同谈判的时候，总包公司拒绝提供 CAD 版的设计文件，业主为了便于今后的修改，需要自行绘制 CAD 文件。而在 TOTO 移交时再绘制图纸显然时间上不允许，因此该核电厂在 2012 年即启动了图纸绘制工作，由于基础图纸欠缺，很多图纸只能按照参考电站的文件来绘制，这就导致第一版的 CAD 图纸有很多与现场不一致的内容。在后续工作中，设计院陆续发布了新版的设计图纸，但公司内部并没有建立起针对这些新的设计输入升版生产技术文件的机制。部分生产技术文件绘制后，设计院发来的升版内容未能反映到图纸中，导致图纸与现场实际不一致。

4）参考文件未标明文件版本

系统流程图、电气一次接线图、逻辑图等图纸生效前会与现场系统、设备等实际情况进行核对，如图纸与现场情况不一致，编制人员会根据现场实际情况对图纸进行修改，确保图纸与现场实际情况一致后才进行正式生效发布及使用。但参考文件不标明文件版本，在参考文件升版或更新时，编制人员无法准确判断图纸是否需要参考新版文件进行修改，也可能出现参考文件升版后图纸未进行比对升版的情况。即使为了保证生产安全，所有图纸的绘制都以现场实际情况为准，设计院的图纸只作为技术支持文件的参考，不作为实际工作文件，也需要填写版本，以便编制人员准确识别图纸的最新状态，在参考文件升版或更新时能及时与现场核对，发现不一致及时修改并升版图纸。

（4）整改措施

由设计部门确认设计文件的最终版本。比对设计院最终版模拟图与该核电厂生产技术文件及现场的差异。与相关部门讨论与设计院图纸或现场实际情况有差异的图纸是否升版，升版有变动的图纸。

（5）经验反馈

1）电厂内部讨论图纸转化的合理模式，在 3、4 号机组合同谈判时与工程公司协商采用有利于减少人因风险的管理模式。

2）生产部门建立有效的技术文件处内传递分发机制。信息文档处对各处室的建立情况进行检查、监督。

3）在电厂内部重点处室开展 ECM、ADIM（办公文档一体化系统）文档管理系统文档利用的普及性培训。

4）确定设计管理处为工程建设期间生产技术文件的归口管理部门、统一归口、协调生产技术文件的生效计划、修订、升版规范流程、分发范围、内容的正确性及质量级别等内容。确定设备管理处为生产运行阶段生产技术文件的归口管理部门，统一归口、协调生产技术文件的生效计划、修订、升版规范流程、分发范围、内容的正确性及质量级别等内容。

3　工作所需文件未及时更新

（1）背景

纸质受控文件发放的日常检查，某核电厂环境影响报告书（运行阶段）未配置最新版本，未将最新版本（C 版）配置到工作岗位。

（2）问题描述

2019 年 6 月，在执行应急文件监督检查时发现某核电厂主控室、技术支持中心配置的《×××环境影响报告书（运行阶段）》为 B 版，进一步检查发现其他岗位配置的也均为 B 版。而最新版 C 版已在 2014 年发布生效。

（3）原因分析

1）查询文件传递信息：相关信函总包方于 2014 年 9 月 1 日将 8 套纸质版本《×××环境影响报告书（运行阶段）C 版》传递与责任工程师，同时通过信函向文档管理处传递了电子版。但后续责任工程师未向文档管理处递交纸质版本。

2）依照总包合同，总包单位应通过正式传递渠道传递文件，而不是传递与责任工程师。

3）由于未接收到正式传递的纸质版本，因此该版文件未

做正式归档。因此也未向工作岗位配发

（4）整改措施

1）向责任工程师询问正式纸质版本是否能补充移交归档，但由于时间较久，纸质版本已查询不到。

2）使用电子版本打印，补充归档，并配置到工作岗位。

（5）经验反馈

1）与承包商签订合同，需建立正式的文件传递通道。

2）应监督承包商使用正式通道传递文件，避免传递与个人，导致文件遗失。

3）电厂工程师若收到传递的正式文件，需及时移交归档，避免延误后续工作。

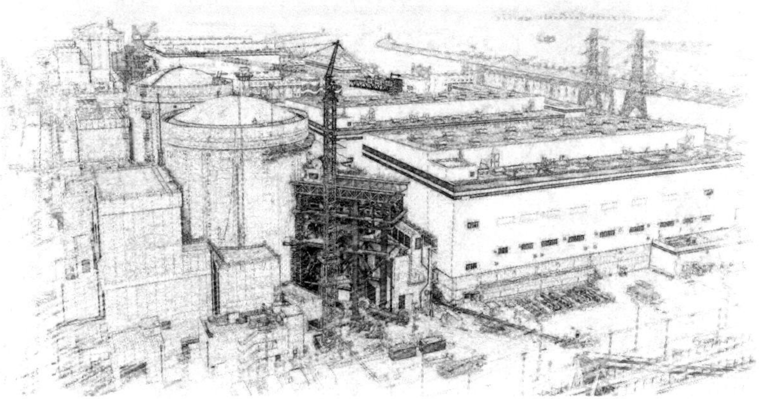

4　部门未配置专兼职文档管理员

（1）背景

2019年9月，根据某核电厂领导调研指示及相关程序要求，该核电厂信息文档处对其他处室开展年度部门文件监督检查活动，发现部分处室缺少专兼职文档管理人员、文件未集中管理、无部门文件清单等问题。

（2）问题描述

1）各处室配备有兼职文档工程师，但由于人员编制紧张，缺少专兼职文档管理人员。

2）部分处室的记录报告通过线下审批，未在ECM系统中审批生效。

3）部分处室的文件都在工作负责人手中保管，有些文件在保管中多次拿取，存在翘边、污渍等问题。个别文件未系统收集，存放较零散，且无部门文件清单，不便于查找利用。

（3）原因分析

1）各处室人员编制紧张，处室业务工作量大，文件的收集、整理及组卷归档工作无专职人员进行统一管理。

2）因上报时间较紧、部分报告有权限要求等原因，部门文件未在 ECM 系统中审批生效。

3）部分人员对文件管理的重视不够，缺少文件整理的方法与经验。

（4）整改措施

1）根据公司人力资源处新进人员安排，各处室配备文档管理员，协助处室文档工程师开展具体文档工作。

2）对各处室文档工程师和文档管理员开展上岗培训和考试，满足公司部门文档管理工作要求。

3）信息文档处对 ECM 系统文档授权功能进行验证并建立相应的管理流程。督促各处室按照公司文档管理大纲要求，在线生效各类记录报告。

4）信息文档处将对各处室工作文件集中管理、清单建立和 ECM 在线移交工作进行指导，并对 ECM 系统部门文件移交功能进行验证并建立相应的管理流程。

（5）经验反馈

1）按照公司文档管理相关程序及各处室细化的文档实施方案执行，强化程序宣贯及执行力度。

2）根据程序要求加强处室文档管理的抽查监督力度，并进行日常工作指导。

3）制定公司年度归档计划，确保文件及时组卷归档。

4）新成立单位应及时建立文件管理的相关机制，信息文档处做好日常文件管理的监督指导工作，保证文档工作正常开展。

5　信函收文时多次出现漏函

（1）背景

随着工程推进，公司文件收发工作量日益增多，某核电厂收文人员在信函收文工作过程中因文档经验不足等原因，出现了多次漏函现象。

（2）问题描述

漏函主要有以下情况：

1）信函通过邮箱收到后未及时登录系统。

2）问题信函退回后因跟踪不到位，产生了漏函。

3）对方单位已通过邮箱发送，但电厂方未收到信函。

4）信函查漏时因工作疏忽未发现断号信函。

（3）原因分析

1）多人共用收文邮箱时，可能会误打开某份收文邮件，导致该邮件处于已读状态，收文人员如不仔细核对，会误以为该信函已处理，结果导致漏文发生。

2）收文人员未养成每天对邮箱中的信函与系统中的信函逐一核对完整性的工作习惯。

3）问题信函退回对方整改时，收文人员未对问题信函进行登记，或者未对信函的整改情况进行跟踪。

4）收文人员未及时检查信函断号情况，在信函定期查漏时因工作疏忽未对信函渠道号的连续性进行核查。

5）因发送的邮件大于邮箱容量，对方虽已将信函通过邮件发送过来，但核电厂并未收到，对方也未收到邮件未发送成功的提醒，结果导致漏文产生。

6）收文人员的工作经验不足，工作能力有待提高。

（4）整改措施

1）收文邮箱由一人维护，该人员负责将相关收文转发给相关文档人员处理，避免收文邮件被误打开而导致漏文发生的可能性。

2）收文人员每天对收到的信函是否完整录入系统进行检查，通过对邮箱收到的信函与系统中的信函进行逐一核对，查看信函是否已全部接收和登录系统。

3）开展日常不定期断号查漏，每周1～2次对近期收到信函的通信渠道号连续性进行检查，若出现断号及时与发文单位沟通，核实信函情况，并持续跟踪断号信函解决情况。

4）与所有通信单位开展月度信函查漏，每月月初按单位将收文清单和发文清单发送给通信单位，要求对方核查收发文的完整性，对缺漏的信函予以补发。

5）对问题信函建立台账进行管理，跟踪督促问题信函的整改直至关闭。

6）将核电厂邮箱接收邮件的容量信息向发文单位反馈，提醒发文单位注意按邮箱容量发送邮件，大邮件采取压缩、分卷等方式发送。

（5）经验反馈

1）在岗位规范中将信函查漏工作机制、问题信函跟踪关闭机制进行明确与细化，并开展岗位培训宣贯。

2）对漏函问题及时组织开展经验反馈，分析直接原因和根本原因，编写事件分析报告和其他同事分享，避免出现相同错误。

3）对业务能力不足的员工收发工作开展互查模式，发现问题及时指导，提升业务水平。

4）针对公司邮箱、系统问题，及时反馈邮箱维护人员并开展双方邮箱检查，在问题未解决之前文档人员每天开展收文信息核对，避免漏函产生。

6 标准文件未及时发至施工单位项目部

（1）背景

2019 年 5 月，某电站监理人员在例行检查时发现某施工单位 1 份质量计划中，选用的焊工资格标准错误，不满足要求，监理人员要求施工单位向焊工考核中心进一步核实确认，质量计划没有开启。

（2）问题描述

电站监理人员在对某施工单位的《6RS 内置换料水池顶板预埋件洞口处覆面安装质量计划》先决条件检查时，发现现场不锈钢水池的管-板焊缝对应选择的是资格项目中试件形式代号为“T”的焊工，与 HAF603 的补充说明中要求的不锈钢水池管-板焊缝的试件形式代号为“P-T”，对应的焊工资格项目代号应为“P-T”或“T-T”不一致。质量计划未按最新标准要求执行。

（3）原因分析

1）施工单位项目部未收到最新版的 HAF603 补充说明：《关于加强民用核安全设备焊工焊接操作工资格管理的通知》（国核安发〔2010〕28 号）。

2）施工单位总部文件收发人员未将该文件下发至各项目部。

3）未对国核安发〔2010〕28 号文引起足够重视，也未组织相关部门和人员对该文件进行宣贯学习。

4）施工单位对国家监管部门发布的监管文件及相关监管要求跟踪、梳理不到位，对监管文件及相关监管要求的宣贯培训未有效落实。

（4）整改措施

1）根据 HAF603 补充说明文件的要求，对现场不锈钢水池的管-板接头焊缝的焊工资质进行排查。

2）施工单位升版《焊接施工管理程序》，在程序引用中补充标准中的最新要求。

3）业主单位组织相关施工单位、承包商召开专题会议，学习相关要求、对焊工资质的适用范围及重点难点进行分析和总结，形成经验反馈报告。

（5）经验反馈

1）施工单位完善相关管理程序，建立定期查看相关网站公示栏，收集相关通知、管理要求等相关文件信息的工作机制，及时传达至相关部门和项目部，并组织宣贯培训和贯彻落实。

2）各单位通过国家核安全监管部门发文等渠道获取新编制/升版的法规或制度，传递至相关业务部门落实管理。

3）各项目部安排人员及时关注相关标准规范的更新情况，并及时传递下发以便施工人员按新要求执行。

7 工作过程文件违规签字

（1）背景

2019 年 9 月 16 日，中国核电组织召开某事件经验反馈专题会，会议由中国核电主持，成员单位领导和相关人员参加会议。会议要求各单位要深刻汲取经验教训，加强学习《核安全法》，落实核安全责任，健全并有效运作质量保证体系，开展核安全文化、责任心建设，做好过程控制。

（2）问题描述

1）检验报告造假。

2）假冒签名。

3）焊缝违规返修。

（3）原因分析

1）缺乏对核安全法律法规敬畏之心，缺少日常警示教育。

2）对违法违规所造成的后果，心存侥幸，寄希望蒙混过关。

（4）整改措施

1）深刻汲取质量文件造假事件经验教训，加强学习《核安全法》，落实核安全责任，健全并有效运作质量保证体系，开展核安全文化、责任心建设，做好过程控制，坚决杜绝“检验报告造假、假冒签名、焊缝违规返修”等，确保建设项目质量，保证机组安全稳定运行。

2）承包商和新员工入厂培训中，增加警示教育培训内容，告知其违法违规所承担的严重后果，震慑心存侥幸人员。

3）组织新入职、新入厂人员签署承诺书，承诺按程序办事，不弄虚作假，增强工作人员使命感、责任感。

4）加强签名验证，防止报告造假。重要岗位人员入厂时签名留证，作为后续检查相关报告记录签名的依据。

5）各类质量证明文件，下一道审核人对上一道签名负责，要审核其真实性。

（5）经验反馈

1）严禁代签其他人员姓名，签字日期是当日签署日期，签字前先自我确认是否有签署资格。

2）严格按照《建设项目档案管理规范》（DA/T 28—2018）执行。

8 供方文件审查进度慢效率低

（1）背景

核电业主对供方提供的各类文件，缺乏审查标准，出现反复审查，反复整改，影响文件移交进度与质量。

（2）问题描述

1）不同人员知识与技能不同，对供方提供的同类文件，文档人员难以把握审查尺度，出现反复审查与整改，影响文件移交进度与质量。

2）供方提供文件，经过不同人员审查，提出整改意见，存在较大差异，或意见相左，给整改带来实际困难。

（3）原因分析

1）缺乏审查依据。

2）缺乏经验反馈和内部培训。

（4）整改措施

1）文档人员审查一般侧重文件格式符合性审查。重点检查文件的外观、纸张、签署完整性和有效性。如要对内容进行深入检查，还需对特定文件内容进行深入了解，提前约定双方遵从法规标准、制度、程序，统一认识。

2）以审查供方质量保证大纲和文档管理程序为例，首先检查封面页各要素完整性。包括文件名称、文件编码、文件编制、审核、批准人签署及签署日期、文件版次、文件密级标识（若有）、颁布日期、受控分发标识等。

3）审查目录格式与正文内容是否对应，抽查目录页次与页眉页脚显示页次是否一致。目录标题与正文标题是否一致，一份文件是否有完整连续页码。

4）检查文件外观完整性，例如质量保证大纲一般包括封面页、质量政策声明页（可选）、目录页、正文页、封底（可选）。

5）审查供方质量保证大纲时，根据合同规定的物项或服务的质量保证要求，审查各个适用要素是否缺少，对文件编制深度，例如是否满足合同和标准审查大纲的要求，是否符合核安全法规、标准和导则规定，文档人员可不做深入审查，由安全质量部门负责详细的专业审查。

6）质量保证大纲一般包括以下几个要素：高层管理者的质量政策声明、引言、组织、培训、文件控制、设计控制、采购控制、物项控制、工艺过程控制、检查和试验控制、不符合项控制、纠正措施、记录、监察等。

7）文档人员重点审查文件控制要素，是否对文件的编制、审查、批准、发布、使用和修订提出控制措施。文件控制范围，是否包括设计图纸、竣工图纸、工程计算、设计技术规格书、技术规格书、不符合项报告、纠正措施报告、工作细则和程序、计算程序、质量验证程序、检查和试验报告、文件变更控制措施、文件分发控制措施等。

8）文档人员重点审查记录要素，是否建立记录制度，包括记录编写、收集、编目、检索、贮存、保管和处理。项目文件记录是否规定提交时限、范围，项目文件、记录是否编制制度并建立台账等。

9）供方提供管理程序，文档人员重点审查文件控制和记录管理方面程序，通过审查程序规定，从源头对供方提交的文件规范性进行把关。

10）文档人员对供方文件提出审查意见，要留存审查记录，包括审查文件名称、文件编码、供方名称，发现问题，整改要求，提出人、提出时间，整改人、整改时间，实现对供方文件审查的闭环控制。文档人员审查复核整改时，重点对以前提出问题进行复核；当第二轮审查提出新问题与第一轮意见相左时，第二轮意见提出人应主动与第一轮提出意见人提前进行沟通确认，确保提出意见的严肃性和权威性。

（5）经验反馈

1）编制供方文件检查要点，按照检查要点进行文件格式、提交数量、规范性检查。

2）对供方文件审查单（如表 1.1），安排专人，对发现问题进行闭环管理。

3）文档人员和业务处室共同审查供方文件时，注意和业务人员提前沟通，内部达成一致意见后再向供方反馈审查意见。

表 1.1　供方文件审查单（样例）

供方名称		合同名称	
文件名称		文件编号	
序号	发现问题	整改要求	整改结果
提出人		整改人	
提出时间		整改时间	

9　企业内容管理系统关联文件应用操作不便捷

（1）背景

自企业内容管理系统（ECM 系统，也称文档一体化系统）上线以来，全公司人员一直在使用 ECM 流程及文档中心中的“关联文件”功能，但从未探究过成为关联文件的条件和添加关联文件时的注意事项，导致在关联文件应用过程中存在一些问题。

（2）问题描述

1）ECM 流程中添加关联文件时部分文件无法被添加；

2）ECM 流程中的关联文件题名太长，导致打开关联文件后无法查看关联文件属性内容等信息；

3）流程中无法查看关联文件的关联文件；

4）在文档中心中对所著录的文件（例如 A）添加关联文件（例如 B）后，打开关联文件 B 时，并没有关联到原著录文件 A。

5）文档中心中文件升版后关联文件栏会出现历史版本文件的关联文件，造成关联关系不清晰而误用。

（3）原因分析

1）在启用关联文件功能时未向运维人员探寻成为关联文件的条件，后续发现无法添加情况后，咨询得知原文件题名中有特殊符号；

2）系统显示界面尚待优化；

3）关联文件的关联文件无法查看，功能尚待增加；

4）文档中心中的关联方向默认值是“关联至”；

5）系统默认新版本文件会继承旧版本文件的关联文件，但关联文件是按照关联关系确定时间排序。

（4）整改措施

1）在文档中心中手动修改被关联文件的文件题名；

2）通过向运维团队提报工单的形式将文件题名显示格式做出调整；

3）通过向运维团队提报需求的形式增加可以查看关联文件的关联文件功能；

4）手动将历史著录文件的关联方向修改为“双向关联”，并将系统默认关联方向调整为“双向关联”；

5）向运维团队提出增加关联文件界面“登记时间”元数据显示需求，以明确关联文件与文件各版本之间的顺序关系。

（5）经验反馈

1）运维团队对系统中特殊字符的使用限制做出说明；

2）成员单位加强与 ECM 运维团队的沟通学习，增加系统功能的使用熟练度；

3）在启用系统功能前需了解此项功能的系统数据并提前设定好；

4）对于待优化的系统功能及时向运维团队提出需求并积极沟通解决。

第二部分
文件归档方面经验反馈

1　合同档案部分内容不一致、顺序混乱、日期签署不合规

（1）背景

2017 年 11 月 2 日至 4 日，国家档案局对某核电 1、2 号机组项目档案进行了预验收，同时对 3 号机组及公共子项项目档案进行了同行评估，2018 年 6 月 7 日至 10 日，国家档案局组织对某核电 1～4 号机组项目档案进行了验收，验收专家组在验收过程中对发现的问题提出了宝贵的意见和建议，该核电厂依据国家档案局验收发现的问题进行了整改。

（2）问题描述

1）有的合同正文提到的附件名称和真实附件不完全对应，建议加强文件形成阶段的审核把关。

2）合同文本复印时文档多页重叠或交错，影响查阅文件内容，应避免此类情况。

3）环境整治合同、土地测量合同，签订日期晚于执行日期，没签订日期。

（3）原因分析

1）主要原因有两点，一是项目负责人移交的采购文件移交清单与实际移交的文件题名（个别）不符，主要是项目负责人在编制移交清单时未认真核实，而接收人员在对商务文件接收检查时也未核查出来；二是商务文件在整理归档时，依据了《合同文件整理细则》6.4.1 3“当一份合同各类文件数量较少可以组成一卷的，为保持其有机联系不进行拆分，将所有文件集成视为一件”的规定，故该份合同文本后面所附的是合同过程文件，而不是合同文本的附件。

2）项目负责人移交信息文档处的合同文本为复印件，且是从财务凭证上复印下来的，故存在重叠或交错现象的发生。

3）为迎接该核电厂 3 号机组 FCD 开工仪式，需在 2010 年 12 月 31 日前完成 3 号机组 FCD 前环境整治工作，而该项目立项为 2011 年零星工程立项，2010 年零星工程超立项部分补充立项，因此造成了无法在事前签订合同。

（4）整改措施

1）为避免今后再出现类似问题，该核电厂信息文档管理部门及时进行了经验反馈，并组织文档相关人员对《商务文件移交归档管理》及《合同文件管理》进行了学习；在日常接收过程中加强商务文件的核查，发现问题及时处理；同时以工作联系单的形式提醒业务部门提高商务文件移交的质量。

2）经查实该份合同文本原件已装订在财务凭证上，现存放公司档案库房，信息文档处依据该原件信息对其进行重新扫描打印并替换。

3）对于因特殊原因而造成个别商务文件有瑕疵缺陷的，公司相关人员进行了认真总结，并通过不断地自查，更加规范了合同签订手续，实现合同精细化管理，防范法律风险、维护公司利益。

（5）经验反馈

1）该电厂及时升版了《商务文件移交归档管理》程序，细化程序中的相关内容，为提高后续商务文件的移交归档质量，项目负责人及信息文档接收人员应严格按程序相关要求执行。

2）加强商务管理人员的培训，提升商务文件管理质量和效率，商务文件移交归档前，项目负责人需对移交归档的文件的信息核实完全正确后方可移交归档，信息文档处接收人员应根据移交清单的内容认真核对文件信息。

3）项目负责人应对外单位移交的商务文件加强监督检查，对于内部产生的商务文件也应细致核实，以确保移交归档的商务文件的完整性、准确性、系统性和有效性；商务文件在日常管理过程中，文档相关人员应对商务文件的接收、整理、信息著录、文件装盒、贴档号、排架号及题名等环节都要认真核查、层层把关，以确保归档的商务文件信息完整、准确。

2　总包合同档案缺少文件索引清单

（1）背景

2018 年 7 月 3 日至 6 日，某核电厂项目档案预验收，验收专家提出了总包方不向业主移交的合同及未中标文件需要提供文件清单、总包设备缺少不符合项报告总清单、未提交射线胶片的设备清单等索引类材料。

（2）问题描述

1）索引类文件清单是全面了解项目档案归档情况的重要支撑材料，也是判定项目档案归档完整性的重要依据材料，根据归档文件实际情况编制对应的专项文件索引清单非常有必要。

2）缺少索引类清单不便于日后档案的查询利用。

（3）原因分析

1）根据《总承包模式核电项目档案归档范围及原件归属管理办法》（中核档发〔2014〕97 号），总包方签订的合同及其招投标文件的原件由总包方保存，只需要向业主提供合同及中标单位的招投标文件复制件，未中标文件不在移交范围内。对集团公司发布的制度学习和灵活运用不足。

2）档案工作人员只关注各类档案实体的归档接收，对于索引类清单的重要性意识不到位，疏于管控。

3）现有档案归档范围、管理制度都未对索引类文件清单做出管理规定，索引类文件管理缺少制度支持。

（4）整改措施

1）根据项目档案归档实际，参照验收组专家提出的整改意见，梳理出需要编制索引类文件清单的各类档案文件，编制了未移交合同文件清单、未中标文件清单、总包设备不符合项文件清单、归档射线胶片设备清单、特种设备总清单、运维手册文件清单、主设备文件材料对应清单等索引类文件清单。

2）所有索引类清单作为全宗卷的一部分，收集整理归档。

（5）经验反馈

1）总包方不向业主移交的，但又属于项目档案验收范围内的档案，应向业主提供文件清单。清单应至少包括题名、形成日期、形成单位等信息。

2）档案人员应深入了解业务需求，研究文件之间、文件与实体、文件与业务之间的逻辑关联关系，通过调研分析，主动从项目档案完整性和易用性两个方面着手牵头索引类文件清单的编制工作。

3）在档案归档范围中增加全宗卷文件索引类文件，并在档案管理制度中明确索引类文件材料的编制范围、编制要求及归档要求等内容，从制度上固化索引类文件材料的管理。

3　自管项目合同档案归档材料形成不规范

（1）背景

2018 年 8 月 21 日至 23 日，核工业档案馆组织验收组对某核电厂科技馆项目进行档案验收。验收检查中提出归档的项目合同文件中的部分材料形成不规范。

（2）问题描述

1）《核电宣教中心（核电科技馆）布展设计施工及公共区域方案设计委托合同》招投标过程文件中的评分表未按标准填写；

2）定标通知书、中标通知书为复印件。

（3）原因分析

1）在合同招标过程中，定标通知书、中标通知书形成一份原件，并发送给定标和中标承包商，该核电厂仅留有复印件；

2）评标过程中，评标组组长没有进行评标表单填写规范宣讲，评标专家填写评标表单不够严谨，均缺少归档文件完整性、有效性意识。

（4）整改措施

1）制定整改方案：根据项目验收意见，对合同形成部门提出整改要求，合同形成部门给出整改方案；

2）根据《合同文件归档补充要求管理指令》，对定标通知书、中标通知书复印件一律加盖招标办印章，视为原件；

3）鉴于合同招评标过程文件的原始性和严谨性，且档案验收时间与评标时间相差三年，评标专家为专家库随机抽取，非本公司人员，归档文件已不宜进行事后修改和补充。因此该问题作为经验反馈向合同招评标人员宣贯，使合同招评标人员注意表单填写规范，保证合同过程文件完整有效。

（5）经验反馈

1）加强合同项目工程师的档案意识，尤其是合同文件具有特殊性，合同招投标、评标过程记录文件要求真实准确；

2）合同项目评标组组长要严格要求各位专家填写评标意见及表单时必须完整，符合文档管理要求；

3）合同项目工程师要及时收集合同过程文件，并逐项检查过程文件，确保归档文件完整准确有效，做到早发现早纠正；

4）文档人员接收时要认真检查，一经发现不符合文档管理要求，及时退回文件形成部门进行整改。

4 项目前期合同文件不全、非原件、备考缺说明、密级年限未标识

（1）背景

2013 年 11 月 5 日核工业档案馆组织某核电厂 3、4 号机组项目前期档案评估，2017 年 3 月核工业档案馆组织专家对该电厂 5、6 号机组项目前期档案进行了验收评估，评估专家组对商务合同档案管理提出了存在的问题和不足，并给出了改进性意见和建议。

（2）问题描述

1）合同文件缺少对方法人代表的授权委托书。

2）招投标文件的归档范围不明确，应鉴定哪些是必须归档的，没价值的可以不归档，如身份证复印件等。

3）合同档案中复印件较多，例如立项单、合同支付文件、邀标函、会议文件等。

4）未中标单位的招投标文件，总包方没有移交给业主，也没有出具说明或承诺函。

5）有部分招投标文件直接使用其他项目文件，未在备考中具体说明。

6）文件左上角标注的密级年限（商密 15 年）在档案系统及案卷封面上均未有密级标识。

（3）原因分析

1）未严格按照《合同立卷归档办法及要求》程序执行。

2）缺少相关规定，程序要求不完善。

3）总包方、业主方对合同招投标案卷检查指导不够。

（4）整改措施

1）组织专题会讨论确定：① 合同签字人不是对方法人代表的，对方提供法人代表的授权委托书，授权委托书随合同组卷；② 合同签字人是法人代表的，其身份证明材料（企业营业执照副本）放在潜在供应商资质证明文件归档。

2）梳理归档范围，升版归档程序，剔除没必要归档的文件，如介绍信、会议通知、身份证复印件等。

3）合同档案中复印件统一加盖有效印章“合同文件归档专用章”，并在程序中明确。

4）未中标单位的招投标文件，由总包方向该电厂出具说明承诺函，并补充提交未向业主移交合同清单、未中标投标文件清单。

5）调用其他项目的招投标文件，由总包方在案卷中做整体性说明，并在备考表中注明。

6）组织人员对档案系统及案卷封面上未标识密级年限的，补充填写保密期限；并明确宣贯新产生案卷按此要求执行。

（5）经验反馈

1）按照《商务文件移交归档管理导则》及各单位细化管理程序及实施方案执行，强化程序宣贯及执行力度。

2）在项目档案产生前，明确该核电厂内部处室和总包方合同档案归档范围及归档要求，其中总包方分包合同的归档范围及原件归属等要求还应纳入总包合同进行约束。

3）定期对该核电厂内部处室和总包方合同文件整理组卷工作进行监督指导，加强接收前检查，提高档案归档质量。

4）搭建商务文件管理平台，将商务文件条目信息与文档管理系统进行对接，探索合同档案自动归档，实现合同档案的电子化管理，一定程度上规避了纸质组卷带来的复印件有效性处理、案卷格式等问题。

5 设备竣工文件移交滞后、归档率偏低

（1）背景

设备竣工文件原则上应随设备一起交付，但受诸多因素影响，某核电厂项目设备竣工文件的移交进度一度曾严重滞后于设备实体到货进度。

（2）问题描述

1）2017 年一季度，A1 类设备悉数到货，但竣工文件的移交工作迟迟未得以启动，直至 2019 年 6 月，A1 类设备竣工文件完成移交。

2）非 A1 类设备竣工文件移交工作自 2014 年启动以来，进度始终滞后于实体到货，年度归档执行率偏低。

3）自主采购类设备竣工文件归档率偏低。

（3）原因分析

1）A1 类设备竣工文件归档不及时

① 合同未规定 A1 类设备竣工文件的相关要求

因合同签订时，虽规定总包需及时向业主提供电子及纸质技术文件，未明确规定组卷的责任主体，合同各方对组卷职责的划分存在较大分歧，导致 A1 类设备竣工文件组卷工作启动

较晚，未达到文件随设备交付的要求。此外，合同中亦未明确规定组卷规则，导致总包方提交的文件未进行分类，二次整理的工作量巨大，总包文档的人力资源无法满足进度要求。

② 文件经常性升版，导致无法确定最终组卷节点

一是因为部分设备有条件放行，尾项处理完毕后文件会再次进行升版；二是业主/总包方审查文件或者总包方自查时，对于发现的问题通常以文件升版的形式整改。以上两种原因导致文件无法完全固化，最终组卷节点无法确定。

③ 纸质版文件打印时间较早，后续替换工作量较大

自 2015 年起总包方开始陆续打印纸质版文件，受文件经常性升版的影响，已移交归档的文件需经常性地大量替换新版文件，加之总包文档人员不足，影响了文件的移交进度。

2）非 A1 类设备竣工文件归档不及时

① 竣工文件交付未与合同进度款挂钩

总包在管控下游分包商时，未将设备到货款与竣工文件交付挂钩，导致竣工文件收集、催交困难。

② 缺乏文件前端控制

竣工文件移交时才启动竣工文件审查工作，导致文件前期的问题积重难返，集中整改耗时长，进而影响交付周期。

③ 总包业务部门对文件交付关注不够

总包业务部门工程师普遍存在重实体、轻文件的现象，由于文件交付方面对采购部门未采取任何考核措施，导致设备到场后，业务部门未及时催交竣工文件的交付。

④ 非文件产生单位组卷，导致总包进行组卷时存在问题

一期项目非 A1 类竣工文件未由文件的产生单位组卷，而是由总包组卷，导致整改时各方澄清确认耗时较长，进一步延

迟了移交周期。

3）自主采购类设备竣工文件归档不及时

厂家对于设备竣工文件移交缺乏重视，文件控制过程中未采取有效管控措施，未对文件及时进行收集、整理，文件在流转过程中遗失、损毁，导致最终组卷时出现文件收集不全、无法提供原件等问题，影响移交进度。

（4）整改措施

1）开展对设备厂家竣工文件检查活动，在检查中进行文档培训及问题解决，提升档案质量，加快档案移交。

2）增加设备过程文件提交环节，以满足工程现场设备安装、设备运维等需要。

3）进一步讨论明确设备竣工文件移交时间，设备出厂后3个月内提交设备竣工文件。

（5）经验反馈

1）在合同中明确竣工文件组卷的责任主体

在后续签订的设备合同中，明确竣工文件的组卷责任主体，并将竣工文件的移交归档要求纳入合同，以约束设备供应商及时提交设备竣工文件。

2）建立健全设备竣工文件报审机制

为确保设备竣工文件及时提交，该电厂后续建立健全的设备竣工文件报审机制，如供应商需在设备发货前1个月报审电子文件→总包限期内完成审查，汇总各方审查意见后反馈→供应商限期内完成整改后提交总包验证→验证通过后供应商将纸质设备竣工文件同设备一并发运至项目现场。

3）设置竣工文件支付节点

① 核岛、常规岛项目，文档部门介入合同节点支付会签，合同范围内的设备竣工文件归档率提出相应的进度要求，以满足现场使用需求。

② 自主采购类项目，要求采购部门在支付最后一笔到货款时，必须将设备竣工文件的验收单作为支付必要条件，已达到管控自主采购厂家及时移交竣工文件的目的。

③ 调整纸质文件打印时间节点

为减少后续因文件升版/作废进行文件替换的工作量，如遇大批量需打印纸质文件的情况，建议将纸质文件打印时间节点调整至热试/装料后。

④ 在合同签订时即对补充包文件及设备调用文件的组卷、移交方式进行明确规定，并在程序中进一步细化具体要求。

6 设备竣工文件未归档且未建关联关系、外文未翻译

（1）背景

2017 年 11 月 2 日至 4 日，国家档案局对某核电厂 1、2 号机组项目档案进行了预验收，同时对 3 号机组及公共子项项目档案进行了同行评估，2018 年 6 月 7 日至 10 日，国家档案局组织对该电厂 1～4 号机组项目档案进行了验收，验收专家组在验收过程中对发现的问题提出了宝贵的意见和建议，该核电厂信息文档管理部门依据国家档案局验收发现的问题进行了整改。

（2）问题描述

1）部分设备培训记录、开箱验收文件、拆借文件等设备档案未归档，且设备竣工文件与拆借文件、开箱检验文件未建立关联关系。

2）国外厂商提交的交工资料在归档整理时未对英文名称进行翻译。

（3）原因分析

1）总包单位文件整理进度滞后，评估时仍未全部组卷完

成，未移交业主。

2）业务人员缺乏培训记录归档的意识，对设备竣工文件成套性特点认识不足。

3）业务部门组卷时未严格按照程序执行，竣工文件审核人员把关不严。

（4）整改措施

1）尽快完成组卷并移交，整理设备培训记录清单，同时做好文件关联。

2）对未翻译的英文名称进行翻译并补充进案卷中。

（5）经验反馈

1）针对竣工文件未对英文进行翻译这一情况进行经验反馈，后续加强文件接收审查。

2）强化业务人员对项目档案成套性这一特点的认识培训，并组织开展建立档案关联关系的培训。

7　设备监造文件归档不齐全、组卷不系统

（1）背景

2018 年 7 月 3 日至 6 日，某核电厂项目档案预验收，验收专家提出总包设备监造文件归档不齐全，监造文件签字不完备，少量签字项为机打非手签，设备监造文件组卷不够系统等问题。

（2）问题描述

1）完整性问题：总包监造文件归档不完整，还有多个合同包监造文件未归档。

2）有效性问题：总包监造文件监造记录签字不完备；记录人、见证人签字为机打。

3）准确性问题：文件内容逻辑矛盾（监造检查记录标示不合格，文件后面结论标示合格）。

4）系统性问题：文件内容不系统，多个设备的监造文件组成一卷。

（3）原因分析

1）总包设备监造文件管理程序不完善，驻厂监造人员未按程序管控监造文件。

2）总包方为节约人力成本，按地理区域派驻监造人员，

一人监造多个重要设备，造成监造人员精力分散，监造文件内容的准确性、完整性、系统性和有效性得不到保证。

3）业主方项目责任人重实体轻记录，设备制造过程中未对监造记录进行审核检查。

4）总包方、业主方文档部门对监造文件形成过程缺少监督检查，监造文件形成阶段质量不高。

5）总包方、业主方设备采购项目负责人文档意识薄弱。

（4）整改措施

1）对照总包设备合同清单核查梳理设备监造文件归档范围，补充归档 17 个合同包 280 卷设备监造文件。

2）对于监造文件内容方面的问题，协调总包方总部采购部派专人来现场进行排查整改，整改监造文件 90 卷；监造文件规范性方面的问题由现场文档人员协助整改。

3）对于既成事实且由于多种原因无法整改的，由总包方统一出具确认函，对总包监造文件的有效性、完整性、准确性等进行书面澄清和确认。

（5）经验反馈

1）业主方与总包方签订总包设备采购合同时，应明确设备监造文件的履约要求，包括监造人员的配置、资质、监造文件形成过程的管控及档案整理移交要求等。

2）总包方编制的设备监造文件管理程序应报业主方审查，经确认生效后业主方备案，总包方以此作为设备监造文件管理的指导文件。

3）对总包方、业主方设备采购项目负责人进行设备监造文件管理宣贯，纳入项目负责人管理职责中并作为考核项。

4）总包方、业主方文档部门制定重要设备制造过程中文件记录监督检查计划，对设备制造过程中文件记录、监造记录进行把关，加强文档过程控制。

8　自管项目完工文件不齐全、范围不明确

（1）背景

2017年底，某核电厂文档管理处向某环境技术工程公司收集《放射性固体废物外运与处置合同》的完工文件。发现收到的完工文件不齐全，缺少各级审批文件及各类运输记录及安全性证明等重要文件。

（2）问题描述

该电厂通过与环境技术工程公司沟通了解到，该公司是第一次负责运输核电站固体废物，对于需要移交的文件类目不明确。

（3）原因分析

放射性固体废物外运项目在全国核电属于首次。运输单位及该电厂项目管理部门、文档管理处均无收集此项目文件的相关规定及标准。

（4）整改措施

文档管理处与保健物理处积极沟通，并通过对国家国防科技工业局发布的《放射性物质运输辐射防护大纲》、国家技术监督局颁布的《低、中水平放射性固体废物包装安全标准》、国家

环境保护部发布的《放射性物品运输安全许可管理办法》《放射性物品运输安全监督管理办法》等各类国标、行业标准以及本单位管理程序《放射性物品运输和贮存管理》的研读，编制了《××核电固体废物外运与处置组卷规划》。此组卷规划范围全面，内容严谨，对文档管理处放射性固体废物外运项目文件的收集进行了规范指导，确保了此项目档案的顺利收集以及后期利用的可靠性。

（5）经验反馈

核电厂项目文件的前端控制是项目文件得以顺利收集以及后期利用的重要保证，及时更新各类项目文件的组卷规划对于项目文件的完整性、真实性和可靠性有着举足轻重的意义。应根据每一个项目的特性来编制相应的组卷规划。

9　VVER 设备竣工文件部分重复归档

（1）背景

VVER 核电机型的设备交工文件因设备采购来源和供货范围的不同，主要分为俄罗斯负责核岛设备供货、某工程公司负责常规岛和辅助系统（BOP）设备供货、业主负责自主采购的第三国设备供货。考虑国内外文档管理差异，涉及国外合同的设备交工文件随设备一起提交有效的文件和记录，由业主专业处室在设备安装后对其进行系统化的整理组卷，如俄供和第三国采购设备；而该工程公司供货范围内的设备交工文件由设备供货商按照供货的批次进行组卷交付，虽保证了文件的及时归档，但系统逻辑性不强。

（2）问题描述

该工程公司组卷统一按照供货批次进行整理和交付，导致部分文件重复组卷归档，并且不能保证设备交工文件的系统性。

（3）原因分析

1）未按照中核集团制度《中国核工业集团有限公司设备仪器档案管理细则》〔2019〕78 号制度执行。

2）制定归档要求时优先考虑及时归档和进度，未从系统性考虑。

（4）整改措施

1）根据设备类型和供货特点，从文档用户角度出发，推动采购项目负责人组织文件使用部门和档案部门三方共同开展专用组卷方案的制定工作。

2）按照制度发布通告〔2019〕78 号《中国核工业集团有限公司设备仪器档案管理细则》（版次：2）中要求：设备仪器的纸质文件材料一般归档一式一份，重要和利用频繁的文件材料可适当增加归档份数；批量购置同型（牌）号设备仪器归档时，相同内容的随机文件材料可归档一套。根据设备类型和文件形成特点，按照文件成套性原则，设备交工文件分以下三种方式组卷交付。

① 系统包设备采取系统与单台套设备结合的组卷模式，按照机组进行组卷归档。系统包中设备赋有单一 KKS（电厂标识系统）编码的情况，需将围绕设备 KKS 编码所产生的文件整理组卷；部分设备或材料适用于整个系统，按照设备类型从系统的维度整理组卷。比如汽机包、应急柴油发电机等。

② 单台套设备采取单台设备整理组卷的模式，按照设备台套进行组卷归档。这类设备即使是分部件发货，也应将整台设备的交工文件进行统一的整理组卷并按台套交付。比如容器类、泵类等。

③ 批量设备和大宗材料采取相同规格型号整理组卷模式，按照机组进行组卷归档。这类设备材料围绕同型号产生文件进行合并整理组卷并按类型交付。比如阀门、管件、电缆等。

3）通过以上三种方式进行组卷前，设备供应商必须先按照设备类型编制组卷方案审查，其中包括纸质和电子案卷及特种介质详细的内容和交付计划。在审查通过后严格按照组卷方案开展交工文件整理组卷，有效保证设备交工文件的归档进度和质量。

（5）经验反馈

1）设备合同文档条款中明确设备交工文件组卷内容以及编制组卷规划等要求。

2）监督工程公司及其设备供应商提早开展组卷归档的策划工作，指导其按照设备特点制定组卷规划并报送业主审查。

3）监督工程公司编制组卷归档管理程序，将合同条款细化内容和组卷规划相关要求纳入其中并监督指导供应商执行。

4）注重启动会的文档宣贯，指导设备供应商了解设备文件的组卷归档模式，以及设备文件的过程控制要求，以提前做好归档策划工作。

10　生产机组设备调整后未更换设备档案

（1）背景

核电厂商运后，根据运行经验反馈、安全审查、核安全管理要求、设备更新换代以及新知识和新技术的发展和应用，对电站构筑物、系统或设备进行实体上或功能上的维修或改造，使用新采购设备或电厂仓储备品备件更换现场设备。

（2）问题描述

1）现场设备被新采购设备或电厂仓储备品备件替换，原存档设备档案与现场设备不一致，需进行更新替换。如不更换调整，后续无法提供准确的文档服务。

2）文档人员缺乏被替换设备和现场新设备的信息，无法进行档案的更新替换工作。

（3）原因分析

1）工程改造文件和维修记录报告中仅记录涉及设备的规格型号，没有记录涉及的每一台（套）设备的专有信息（如设备序列号），为文档人员具体指向某台（套）设备。

2）除了文档部门，公司其他部门获取设备规格型号信息，即可满足业务需求，不需要设备专有信息。

（4）整改措施

1）工程改造竣工文件中，更改“改造涉及设备信息表”，在原有物料编码和设备型号元数据基础上，增加设备序列号。

2）在正常维修过程中，若涉及设备替换，应在维修记录报告上记录涉及设备序列号。

3）获取设备更替信息后，结合涉及设备分级，文档人员及时更新替换设备档案。具体更替方式如下：

表 2.1 设备更替方式

设备更替三种结果	设备	纸质文件	电子文件
原设备报废	关键、敏感设备	文件上加盖“作废”印章	流转状态更改为“标识删除”，在备注注明更改依据
	非关键、敏感设备	不更新或标识	流转状态更改为“标识删除”，在备注注明更改依据
	安装到现场新设备	文件上标识安装位置功能位置码，备考表注明更改依据	“文件题名”和“KKS 编码”栏中标识安装位置功能位置码，在备注注明更改依据
原设备转为备件	原设备	文件与退库检验单一同保存	删除“文件题名”和“KKS 编码”栏中的功能位置码，与退库检验单号相关联
	安装到现场新设备	文件上标识安装位置功能位置码，备考表注明更改依据	“文件题名”和“KKS 编码”栏中标识安装位置功能位置码，在备注注明更改依据
原设备安装到其他功能位置	原设备	文件上更改成现安装位置功能位置码，备考表注明更改依据	“文件题名”和“KKS 编码”栏中更改成现安装位置功能位置码，在备注注明更改依据
	安装到现场新设备	文件上标识安装位置功能位置码，备考表注明更改依据	“文件题名”和“KKS 编码”栏中标识安装位置功能位置码，在备注注明更改依据

（5）经验反馈

1）在永久设备变更和维修管理相关程序中明确规定，工程改造文件或维修记录报告中记录涉及更换设备专有信息的要求。

2）根据分级管理思路，考虑被替代或报废设备文档的可用价值和是否及时更新的后果影响，确定仅针对唯一性较强、管理级别较高的关键、敏感设备，如因技改或优化发生设备被替换或报废时，应对其原始相关设备文档进行及时的更新或标注。其他非重大及关键敏感设备被替换或报废后，其原始设备文档可不做更新或标注。

3）通过多种渠道验证设备替换信息的准确性。工程改造文件和维修记录报告中记录信息与设备出库入库记录或设备报废信息进行核对，确保设备更替信息的准确性。

11 文档管理制度建设不完善

（1）背景

2012 年 5 月，专家组在对某核电厂一期项目前期档案进行专项检查时提出，文档领域的制度建设有待进一步完善。

（2）问题描述

1）未将“三纳入、四同步”写入文档管理大纲并予以落实；

2）未补充涉密档案管理程序；

3）管理程序中未明确受控文件检查要求；

4）未通过管理程序对文档管理系统存贮的文档的有效性予以明确；

5）未将接收到的承包商提交的光盘转换要求用制度加以明确。

（3）原因分析

在该项目前期建设中，文档管理工作较着重关注于工程建设进展方面，与工程进展密切相关的“工程文件收发控制”及“竣工文件移交归档”等方面的程序经常进行适应性升版；但对于档案保管和档案安全等档案存储方面的管理程序适应性修改工作关注较少，导致该类管理制度建设方面存在一定缺陷。

（4）整改措施

1）在《文档管理大纲》中补充“三纳入”“四同步”内容。三纳入：将文档工作纳入本单位长期发展规划和年度工作计划，纳入单位高层领导会议的议事日程，纳入单位各级干部员工的职责范围及岗位责任制；四同步：项目进展应与建档工作同步，项目建设过程应与竣工文件材料的积累、编制和审定工作同步，检查项目的计划进度应与检查文件的形成同步，项目竣工验收应与项目档案验收同步。

2）在《保密管理规定》程序中补充信息文档管理部门文件保密管理的职责：负责密级文件、图纸、资料、影像载体的存档保管、借阅、回收、处理等保密管理。

3）在《工程文件控制》程序中补充受控文件检查点和检查标准，在《技术/变更文件/记录报告处理流程》程序中规定各类文件的检查点清单。

4）在《文档管理大纲》中明确电子文件有效的内容：文档管理系统中的有效文件可作为执行文件直接打印使用，原则上不分发纸质版文件。

5）在《电子文件管理》程序规定了承包商提交光盘的相关要求。

（5）经验反馈

在工程项目建设工作中，文档工作应在关注工程进展的同时，同步完善文档顶层规划设计、涉密档案管理、电子文件有效性等方面的制度建设，以及对于档案检查、提交等具体要求需在程序中明确，以便有效执行。

12　质量验收模式影响建安文件归档进度

（1）背景

工程文件收集应与工程建设进度同步，真实记述和反映施工至竣工验收的全过程，做到原始资料和实体相符、技术数据真实可靠、签字手续完备齐全。但某核电厂采用现场检查试验（ITP）及国标两种质量验收方式，创新的模块化施工模式也给该电厂部分项目竣工文件的收集、签审方面带来一定影响。

（2）问题描述

1）网控楼项目文件中编码为 SMG-014-GQH-ZT1202 的 ITP，最后一道工序于 2010 年 8 月 30 日施工完成，但质量控制方（QC）关闭该资料包时间为 2011 年 8 月 17 日，现场施工完成时间与 ITP 资料包关闭时间间隔长达近 1 年之久。

2）2 号机组汽轮机厂房建筑工程 2018 年 4 月组织单位工程预验收时，该项目国标资料仅收集部分检验批质量验收记录，分项工程、分部工程、单位工程质量验收记录未编制。

3）500 kV 开关站项目于 2013 年 3 月向生产移交后开始进行竣工图编制工作，但直至 2015 年 5 月才全部完成。

（3）原因分析

1）ITP关闭滞后于实体

因受环境条件限制，ITP资料包不能带进施工见证点现场同步签字，而“先现场见证后施工单位补签字”的模式容易造成文件补签被忽视或遗忘，最终导致大部分见证点签字滞后。

2）国标资料签署滞后于实体

现场按ITP的工序施工并验收，国标资料是否已签审完备不作为现场验收必备条件，多为后补；没有明确设定完成分项工程、分部工程、单位工程报验时间。

3）竣工图编制进展缓慢

AP1000首台机组设计变更多，施工单位修改竣工图工作量大。

（4）整改措施

1）对ITP签审滞后的措施：在施工现场设置质量验收办公室，所有开启、正在执行的ITP由该办公室保存，现场检查放行后到该办公室同步签署见证点。

2）对国标资料签审滞后的措施：做好检验批和ITP的规划，将检验批的开启/关闭作为ITP开启/关闭的先决条件；设定分项工程、分部工程、单位工程验收时间，纳入商务考核中。

3）对竣工图编制滞后的措施：与设计单位签订合同，约定在实体完工后重绘竣工图，于3个月内完成提交。

（5）经验反馈

1）对于竣工图编制，事先应以合同的形式明确编制单位，一般由施工单位或者设计单位承担。

2）对于涉及两种质量验收方式的，应在组卷规划中进行提前安排，明确相应的文件收集范围及收集时间。

13　建设项目部分文件未归档、归档文件问题多

（1）背景

2017 年 11 月 2 日至 4 日，国家档案局对某核电厂 1、2 号机组项目档案进行了预验收，同时对 3 号机组及公共子项项目档案进行了同行评估，2018 年 6 月 7 日至 10 日，国家档案局组织对该核电厂 1～4 号机组项目档案进行了验收，验收专家组在验收过程中对发现的问题提出了宝贵的意见和建议，该电厂信息文档处依据国家档案局验收发现的问题进行了整改。

（2）问题描述

1）调试管理文件如调试工作报告有些未归档、未移交。如 2011 年调试工作报告（12 个月缺 5—12 月的月度报告）类似调试季度报告经验反馈也有不齐全现象。

2）调试文件将报告与补充报告整理在一起，未按件分别整理。

3）总包单位自身形成的文件未归档，如《设备监造完工总结》程序中规定的部分文件——监造完工总结，日报、周报、月报等。

4）探伤人员资格文件尚未归档。

5）2 号机组土建施工设计类目下，个别隐蔽工程记录有签字不齐全或日期未签署的现象。

6）施工方案未加盖公章。

7）竣工图变更清单中图纸编号无版本。

8）个别案卷题名拟写欠准确，如：FQ-L193-2014-001、FQ-L193-2016-001，福建力普环境检测报告书，未反映是施工期污水处理排放的检测；FQ-H113-035 的案卷题名没有反映批复。

9）同一案卷内封面的案卷题名与脊背的案卷题名不一致。

（3）原因分析

1）业务部门整理组卷归档时未严格按照程序执行，存在断号、遗漏情况。

2）组卷人员对按“件”整理的理解认知错误。

3）竣工文件、竣工图审核人员把关不严。

4）编制竣工图变更清单样本时未考虑图纸版本问题。

5）组卷人员未能准确理解文件的内容，个别案卷题名拟写不够全面。

（4）整改措施

1）在调试报告之间添加明隔页进行处理。

2）整理并归档设备监造完工总结、监督检查报告等遗漏应归档文件。

3）对 2 号机组隐蔽工程记录进行排查，对签字不齐全或日期未签署的进行替换。

4）对缺少签章的文件加盖公章。

5）1～4 号机组项目档案已形成，不进行修改，将意见落实在 5、6 号机组的竣工图变更清单中。

6）对案卷题名拟写欠准确的档案进行整改。

7）核对并修改封面和脊背的案卷题名。

（5）经验反馈

1）建立日常文档整理归档培训制度，强化业务人员对文件的整理归档意识，避免再出现断号、漏号情况。

2）针对签章不齐全这一情况进行经验反馈，强化文档审查人员意识。

3）升版《建安文件组卷形式及质量要求》程序，细化程序中的相关内容，规范案卷题名编制要求，更新竣工图变更清单样式等。

14 记录未填、签字不全、竣工图一套多用

（1）背景

某核电厂3、4号机组建安、设备竣工文件业主审查归档过程中，发现质量控制文件中存在支持性文件记录未填写、选点未签字关闭等问题，竣工图文件存在同一套图纸多家施工，未将竣工图汇总的问题。

（2）问题描述

1）质量计划支持性记录（可追溯文件）编码未填写，文件无法对照追溯。

2）质量计划已选点工序未签字关闭。

3）部分海工竣工图，存在同一套施工图纸多家施工单位施工，最终竣工图未将工程实体情况反映在同一套图上，产生两套同样编码的竣工图。

（3）原因分析

1）施工单位未严格按照《土建施工质量计划管理》（CNPE-0216-PSB-031）程序执行。

2）总包方、监理单位对质量计划过程控制监管不足。

3）总包方、监理单位对竣工图的意义和价值理解不够深入。

（4）整改措施

1）组织专项监督、监察，对现场所有参建单位的质量计划填写及支持性文件管理进行全面排查，对漏填记录编号、选点未签字的情况开具问题单予以闭环跟踪。

2）升版程序，明确质量计划支持性文件清单的格式及填写内容，除爆破质量控制文件外，要求每份关闭的质量计划均需编制质量计划支持性文件清单，置于相应质量计划后，作为质量控制文件一部分一并归档。

3）多次召开专题会，确认一套图纸多家施工的情况下，竣工图的编制原则及报审流程，对于同一套图纸多家施工的情况，按照合同范围各自出图，在竣工图编制说明中详细描述，并在竣工图编码后加-流水号以示区分。

4）对于同一张图纸多家施工的情况，为保障变更的完整性及竣工图能完全反映实体工程的最终状态，由总包单位编制专项竣工图编制计划，多家依次绘制，形成一张完整竣工图，并加盖所有参与绘制单位的竣工图章，由各施工单位在竣工图编制说明中详细描述具体情况。

（5）经验反馈

1）各施工单位严格按照业主、总包、监理单位的质量计划管理程序执行，强化程序宣贯及执行力度。

2）在竣工图绘制前，明确各施工单位是有图纸交叉的情况，由总包单位统一规划绘制顺序，保证图纸的完整性。

3）定期开展质量控制文件的专项检查，确保程序执行的一致性，对于发现的问题及时经验反馈。

4）明确档案的利用价值，强化意识，确保竣工文件完整、准确地反映实体工程情况。

15　调试设计变更申请单（DCR）相关内容未体现在竣工资料中

（1）背景

2016 年 12 月 7 日至 8 日，核工业档案馆组织专家组对某核电厂 1 号机组及公共子项开展项目档案评估，专家组在查阅调试竣工文件时发现调试产生的 DCR 未全部反映到竣工资料中，调试竣工文件不准确。

（2）问题描述

调试 DCR 未全部反映到竣工资料中，出现现场情况与竣工资料不一致的情况。

（3）原因分析

1）总包方根据以往项目经验，只将 DCR 组卷入调试 TOTO（临时运行移交）卷中，未绘制最终版与现场相符的图纸。总包方未将相关 DCR 反馈给设计院，所以设计院未升版图纸，导致出现现场情况与图纸不符的问题。

2）调试发现的安装过程中的问题，直接以 DCR 的形式让设计答复，并现场由安装单位实施，安装单位竣工图只考虑了现场变更申请单（FCR）/设计变更通知单（DEN）的修改，对DCR涉及的实体工作未做进竣工图中，因此补充DCR涉及的安装竣工文件的修改。

3）总包方与业主方对调试文件检查不到位。

（4）整改措施

1）排查、固化涉及的相关文件档案。经排查，涉及的DCR共183份，其中常规岛安装涉及修改文件共19卷，核岛安装涉及修改文件18卷，调试文件涉及38卷，设备竣工文件涉及17卷，设计院90卷，共182卷。

2）调试文件涉及修改的部分直接在文件包中修改标注，经各单位认可后，替换原页。

3）安装竣工文件涉及修改的部分在竣工资料对应文件中修改，标注DCR档案号、编号，经监理单位、总承包商确认后替换原页。

4）核实确定的DCR清单和资料由总包方正式发文给设计单位，由设计单位负责升版对应的图纸等文件，升版后电子版通过正式渠道传递。

5）在移交业主归档前经过业主工程、调试、维修等部门审查。

（5）经验反馈

1）强化责任意识，加强设计文件审核力度，提高业主及总承包商业务部门参与度。

2）文档人员提高项目档案管理的专业素质，在审查责任不转移的前提下主动学习工程管理的相关内容，更好地提醒和引导业务部门文件审查人员，提高其文件审查的专业性。

3）针对此问题开展内外部的经验反馈，举一反三，在后续项目建设过程中规避同类问题的发生。

16　竣工图未根据子项三、四级变更而修改

（1）背景

2016 年 3 月 1 日至 4 日，国家档案局组织验收组对某核电厂扩建项目进行档案预验收。验收组专家提出竣工图常规岛子项涉及的部分三、四级变更未反映在竣工图上。

（2）问题描述

1）竣工图的绘制深度不够，设计单位提供的竣工图，存在标准执行不到位的情况，如施工单位的一、二级变更有修改，三、四级变更部分没有修改；

2）没有将施工过程中的全部变更修改到竣工图上。

（3）原因分析

1）设计单位是按照火电行业标准绘制竣工图，根据 DL/T 5229—2005《电力工程竣工图文件编制规定》，5.0.1 竣工图的编制范围为一、二、三级图和部分重要的四级图，不包括五级图。但依据业主与总包方合同规定，所有变更需修改到位，所以竣工图没有修改到位；

2）总包方和工程监理公司对设计和施工单位绘制的竣工

图审查，没有发现此类问题；

3）总包方、业主方对竣工图监督检查不够。

（4）整改措施

1）电厂业主制定整改方案，对未修改到位的三、四、五级变更重新绘制。并要求总包方联系设计单位，根据合同规定明确竣工图绘制范围，评估整改。

2）整改方案（得到验收组认可）主要包括

① 对设计单位未修改到位的三、四、五级变更，要求总包方评估整改，重新绘制；

② 经排查，三级变更均反映到竣工图中，部分四、五级图未反映到竣工图的重新绘制，新增 139 卷，修改 92 卷，共 231 卷，在提交业主归档前需经过业主工程管理部门的审查；

③ 需要修改的四、五级竣工图于 2016 年 10 月 30 日全部完成重新绘制。

（5）经验反馈

火电行业标准竣工图绘制与核电厂竣工图绘制要求不完全一致，最新版 DL/T 5229—2016《电力工程竣工图文件编制规定》4.0.1 章节规定：编制核电厂常规岛及 BOP 部分竣工图的范围宜满足本标准附录 E 的要求；竣工图编制单位可根据建设工程项目具体情况或合同约定的内容酌情调整。因此在合同约定中，可参考此标准并酌情调整。

17　竣工图编制说明不规范

（1）背景

2019 年 9 月国家档案局组织对某核电厂 1、2 号机组档案验收，提出核电厂竣工图编制说明不规范及竣工图成套性被破坏。

（2）问题描述

1）竣工图编制说明不规范，仅仅简单罗列本套图纸目录、有几份变更和澄清，未按照 DA/T28 对竣工图编制要求执行。

2）竣工图成套性被打乱。未按照设计院原始图册清单组卷，简单按单份文件音序排列，打乱竣工图成套性。每套竣工图与变更、澄清对应关系未体现在竣工图中或竣工图编制说明中，仅汇总项目竣工图与变更、澄清总体对照表，看起来不够直观。

（3）原因分析

1）未按照《国家重大建设项目文件归档要求与档案整理规范》（DA/T 28—2002）或《建设项目档案管理规范》（DA/T 28—2018）执行。

2）竣工图编制单位，不了解竣工图编制具体要求，简化处理，从思想上不重视竣工图编制说明这项基础性工作。

3）监理人员未把关竣工图编制说明质量。

（4）整改措施

1）竣工图与施工图、变更单、澄清单等保持对应关系。

2）竣工图按成套性保管，不要人为打乱关系。

3）新建项目，监理人员按照《建设项目档案管理规范》（DA/T 28—2018）执行，对竣工图编制说明和竣工图依据性文件把关审核。

4）按照《建设项目档案管理规范》（DA/T 28—2018）执行，详细描述竣工图编制说明，使说明发挥实际作用。第 7.2.1 部分竣工图编制要求如下。

第 7.2.1.1 条：工程竣工时应编制竣工图，竣工图一般由施工单位负责编制。

第 7.2.1.2 条：竣工图应完整、准确、规范、清晰、修改到位，真实反映项目竣工时的实际情况。

第 7.2.1.3 条：应将设计变更、工程联系单、技术核定单、洽商单、材料变更、会议纪要、备忘录、施工及质检记录等涉及变更的全部文件汇总后经监理审核，作为竣工图编制依据。

第 7.2.1.4 条：竣工图应依据工程技术规范按单位工程、分部工程、专业编制，并配有竣工图编制说明和图纸目录。竣工图编制说明的内容应包括：竣工图涉及的工程概况、编制单位、编制人员、编制时间、编制依据、编制方法、变更情况、竣工图张数和套数等。

5）在新标准发布之前实施的项目，可按照《国家重大建设项目文件归档要求与档案整理规范》（DA/T 28—2002）对竣工图编制说明要求执行。“6.2.9 编制竣工图总说明及各专业的编制说明，叙述竣工图的编制原则、各专业目录及编制情况”。

（5）经验反馈

1）新项目编制竣工图时，执行《建设项目档案管理规范》（DA/T 28—2018），对竣工图编制说明和竣工图依据性文件把关审核。

2）保持竣工图成套性，竣工图与施工图、变更单、澄清单等保持对应关系。

3）监理单位审查竣工图时，重点审查竣工图编制说明（如附件所示）、竣工图编制质量，按照国家要求履行竣工图审查责任。

附件：竣工图编制说明样例

××核电站×号机组×××竣工图编制说明

一、工程概况

本工程为××核电站×号机组×××，设计使用年限为×年。本工程安全级别参考《××××××》《××××××》……按本图的方法操作，可确保核电站安全运行人员及人员的生命和健康。

二、竣工图编制依据

本竣工图依据×××设计单位分发的施工图及其施工过程中产生的设计变更等文件，按照竣工图编制的国际标准、行业规范等有关管理程序进行编制。

（1）×××××××

（2）×××××××

（3）×××××××

（4）×××××××××

（一）施工图清单

表 1　施工图清单

序号	设计单位	图纸名称	图纸编号	版本	页数	备注

（二）现场变更及澄清清单

表 2　现场变更及澄清清单

序号	图纸名称	图纸编号	变更文件总量	涉及修改变更文件总量	未涉及修改图纸的变更文件总量	未修改原因

三、竣工图编制方法

（1）施工图没有涉及变更、修改文件的：在原施工图上加盖“竣工图”章，签署齐全后作为竣工图。

（2）施工图设计到变更、修改文件的：

① 根据设计变更内容，在最终有效版本的施工图上进行修改将现场执行的所有变更内容反映在对应的图纸上。修改采用重新绘制的方式进行修改，将变更内容反映在对应的图纸上，图纸修改的用云线圈出修改部位（多余线条擦除），并标记设计变更序号，图纸空开处写明该张图纸涉及的设计变更编号及序号；

② 每张竣工图绘制图签栏，包括图纸版次、状态的说明，并逐张加盖竣工图章；

③ 在图纸后列出该套图纸涉及的设计变更汇总清单，并标明序号，与每张图纸修改依据的设计变更序号一一对应，并在变更汇总表首页加盖竣工图章；

④ 各张图纸“竣工图”章签署齐全后作为竣工图；

⑤ 竣工图涉及的变更文件汇总表中，“Y”表示对图纸进行相应修改，“N”表示未对图纸进行修改。

四、竣工图编制情况

本竣工图包括：××××图纸×页，×××材料清册×页。

竣工图由×××××负责编制，××××负责对竣工图进行审查，竣工图完整、准确、清晰规范，现场变更修改到位，真实反映了×××核电站×号机组××××施工的竣工状态。

表3　竣工图图册清单

序号	编制单位	图纸名称	图纸编号	版本	页数	备注

×××××单位

年　月　日

18 项目档案案卷题名拟写简单、不准确

（1）背景

2018 年 10 月 24 日至 26 日，中国核电组织验收组对某核电厂乏燃料临时干式贮存 5、6 号模块建设项目进行档案验收。验收检查中提出部分案卷题名拟写简单、不准确。

（2）问题描述

《GB/T 11822—2008 科学技术档案案卷构成的一般要求》规定：b. 案卷题名，应简明、准确地揭示卷内科技文件的内容，主要包括产品、科研课题、建设项目、设备仪器名称或代字（号）、结构、阶段名称、文件类型名称等。检查发现项目档案中部分案卷题名拟写简单、不准确。

（3）原因分析

1）施工单位对其形成的施工文件拟写题名过于简单，均为××项目施工文件一、二、三……未揭示案卷内具体内容；

2）施工单位、监理单位文档人员均为兼职人员，文档意识薄弱、档案专业知识和技能不足；

3）业主项目责任人、文档管理人员对项目文件完整性、准确性审查力度不够。

（4）整改措施

将项目施工文件每一卷涵盖的主要内容进行主题揭示。

（5）经验反馈

1）项目合同签订后，加强对各类承包商文档人员关于《建设项目档案管理规范》（DA/T 28—2018）、《科学技术档案案卷构成的一般要求》（GB/T 11822—2008）等项目依据规范、标准学习，以及文档基础理论的培训、制作 PPT 将公司文档管理要求及问题案例进行现场宣讲；

2）加强自审，编制公司程序《基建项目文档管理》《基建项目文件工作细则》，依据“基建项目文件检查单”细化检查内容，逐条审核，包括题名的准确性；

3）强化文档管理标准执行与落实，针对每个项目验收，都成立文档专项检查组进行自检，提前介入，及时发现问题、解决问题；

4）文档管理部门成立项目标准业务组，集中对各生产单元项目文档管理进行监督、指导；对所有验收发现问题汇总，形成经验反馈，避免重复问题发生，促进项目工作的管理提升和持续改进。

19　项目档案增补卷组卷方式不合理

（1）背景

2017年12月7日至8日，核工业档案馆组织专家组对某核电厂2号机组开展项目档案评估，专家组在检查项目档案组卷系统性时提出部分安装文件的增补卷（如2MX）归到综合卷，未归到单位工程案卷中。

（2）问题描述

1）在安装转调试过程中，一般情况下系统均按设计图纸施工并移交调试，部分系统在调试试运行过程中有出现修改项，早期存在修改项未按技改项流程操作的情况，使用DEN（设计变更通知单）单下发执行，致使少量涉及技改部分的质量计划未关闭并被列为尾项。

2）考虑到资料后续还需再审核申请档案预验收、验收工作，工作量大、时间跨度长，在安装文件已完成分系统预验收的情况下，施工单位将安装文件先行移交归档，尾项资料采用增补卷的方式组卷。

3）在增补材料最终组卷时，由于增补材料较少，为了减少组卷工作量，施工单位将增补卷全部放在了公用卷，在备注中进行了互见，并未增补到相应的系统归档文件中。

（3）原因分析

1）施工单位将增补卷全部放在了公用卷，只是在备注中进行了互见，主要考虑减少工作量的问题，没有过多考虑到文件档案之间的关联性和系统性，对于后续文档利用造成极大的不便。

2）监理单位、总承包商及业主文档部门和业务部门主要关注归档文件的完整性，认可了互见的方式，没有考虑到实际利用不便的现实问题。

（4）整改措施

要求总承包商制定整改方案，将放入公用卷的增补卷重新组卷，按系统增补到原来的系统归档文件中。

（5）经验反馈

1）施工单位系统移交以后产生的改进项统一走技改单而不是 DEN，保证各阶段资料完整。

2）在尽可能的情况下，各方资料验收移交的原则为变更单、质量计划等相关资料应闭环方可移交。

3）如有尾项资料需要后续增补的情况，需考虑用户的使用习惯，尽可能提高文档的系统性，提高利用便捷性。

20　声像档案元数据采集不完整

（1）背景

2008 年 9 月国家档案局组织某核电厂 1、2 号机组档案预验收，验收组对特种介质档案管理提出若干具体问题；2009 年 2 月，国家档案局对该电厂 1、2 号机组档案验收时，围绕声像档案管理提出改进建议："进一步明确施工和监理单位在项目过程中形成的影像资料的收集归档范围，加强收集归档工作。"

（2）问题描述

1）照片档案说明项应增加人物、地点，题名拟写应更具体。按照要求增加照片档案说明项目。

2）建议对特种介质加强整理、归档，包括：按要求对特种介质档案进行整理编目。

3）建议对特种介质加强整理、归档，包括光盘档案、实物档案、岩心档案、录音录像带档案等。将光盘档案应及时整理归档并形成完整的目录清单；岩心档案目录应与实体保持一致，做到账物相符；录音和录像带建议进行数字化处理；照片档案底片和照片档案号重复；2004 年后数码拍摄的照片档案应及时整理，并冲洗部分重要照片予以归档。按要求将会计档案和特种介质档案著录信息登录到档案管理系统。

4）进一步明确施工和监理单位在项目过程中形成的影像资料的收集归档范围，加强收集归档工作。

（3）原因分析

1）拍摄者遗漏拍摄人物、地点，未及时录入信息。

2）未严格按照《照片档案管理规范》（GB/T 11821—2002）执行。

（4）整改措施

1）对重要活动照片，补充录入主要人物、拍摄地点，增加照片档案形成说明。

2）光盘档案应及时整理，识别需要归档的光盘，并形成完整的目录清单；实物档案（包括题词、奖杯奖状等）应及时收集和归档。

3）岩心档案目录应与实体保持一致，导入文档管理系统，做到账物相符。

4）采集重要录音和录像带进行数字化处理。

5）对照片档案底片和纸质照片档案号重复进行处理，照片和底片著录信息更改。

6）2004 年后数码拍摄的照片档案重新整理，并冲印重要照片纸质归档。

7）特种介质档案统一归档到文档管理系统中。

8）在扩建项目档案建设之初，明确该核电厂内部处室和外部承包商提交声像档案要求，制定不同阶段声像档案采集标准。

（5）经验反馈

1）严格按照《照片档案管理规范》（GB/T 11821—2002）执行。

2）按照声像档案归档管理要求执行。

3）在项目档案建设之初，明确公司内部处室和外部承包商提交声像档案要求，制定不同阶段声像档案采集标准。

4）定期对该核电厂内部处室和外部承包商提交声像档案进行检查，在建安高峰期，对承包商开展声像档案专项监督检查。

5）建设声像档案管理平台，动态更新声像档案，并将声像档案条目信息与文档管理系统进行对接。

表 2.2　某核电声像档案采集范围及要求

序号	文件类型	拍摄要求	保管期限
1	行政管理活动		
1.1	党和国家领导人视察活动	领导人及重要陪同人员视察场景	永久
1.2	省市、部级、集团公司领导、专家、劳动模范、英雄人物等参观视察、交流调研、检查等	表现活动主题、主要参加人员	30 年
1.3	公司组织和参加的外事谈判、重要培训、交流、会议等	表现活动主题、主要参加单位或人员	30 年
1.4	公司重要合同签订	合同签订全景、近景	永久
1.5	公司领导出席的重要活动	表现活动主题、主要参加人员	30 年
1.6	公司重要宣传活动（如科普宣传）	活动主题全景、近景	30 年
1.7	公司组织的党政工团重要活动	活动主题全景、近景	30 年
1.8	其他各类相关行政管理活动	活动主题全景	10 年
1.9	历届领导班子成员的工作活动	其工作场景全景；个人照	30 年

续表

序号	文件类型	拍摄要求	保管期限
2	工程建设活动		
2.1	建设工程开工前的声像资料：原址原貌及周边状况；重要建构筑物；拆迁等	表现工程前原貌全景及标的物等	永久
2.2	基础工程的声像资料：基础异常情况技术处理、土壤岩样分析施工、特殊施工的技术工艺现场；建筑物位移、沉降、变形及处理等	全景及必要的细节特写	永久
2.3	主体工程的声像资料：包括主体设计模型、主要隐蔽工程施工情况；主体结构布局、大型构件安装等现场情况；防水、防腐、保温工程的工艺现场情况及重要部位节点的现场情况；采用新材料、新技术、新工艺等施工情况；质量事故及处理情况等	施工场景全景	永久
2.3.1	本工程重要工程协调会	会议主题、主要参加单位或人员等	永久
2.3.2	安全监督检查活动	反映检查活动主题及检查主要结果	永久
2.3.3	重要子项开工活动	反映子项开工情况	永久
2.3.4	检查验收活动	主要缺陷及整改	永久
2.3.5	重要设备吊装	反映吊装仪式和过程	永久
2.3.6	重要部位焊接	反映焊接过程	永久
2.3.7	子项或房间土建向安装移交	全景、主要参加单位和人员等	永久
2.3.8	一回路水压试验	试验的准备情况及试验过程	永久
2.3.9	系统安装向调试移交	全景、主要参加单位和人员等	永久
2.3.10	子项或房间移交	全景、主要参加单位和人员等	永久
2.4	建设工程竣工后的新貌	全景	永久

续表

序号	文件类型	拍摄要求	保管期限
2.5	建设工程的其他方面：工程总体规划、开工及竣工仪式、施工建设中的重要活动、重大节点和事件；工程质量检查验收情况；竣工验收情况	活动全景	永久
2.6	设备制造厂制造期间拍摄设备缺陷、重要节点验收、出厂验收、开箱验收等	缺陷设备全景，缺陷特写；活动全景	永久
2.6.1	本工程主要设备合同谈判签字	表现会议主题、主要参加单位或人员等内容的全景	永久
2.6.2	重要设备协调会	表现会议主题、主要参加单位或人员等内容的全景	永久
2.6.3	重要设备制造形象节点	表现设备外观、制造状态	永久
2.6.4	重要设备性能试验	表现设备的全貌和试验状态	永久
2.6.5	重要设备出厂验收	表现会议主题、参加单位或人员等	永久
2.6.6	重要设备装运、发货	设备全貌、运输、包装的状态的全景	永久
2.6.7	重要设备现场到货	设备到货的全貌、状态，包括未卸载的情况、卸载或吊装过程中执行情况	永久
2.6.8	重要进口设备的到货商检	设备包装原貌、开箱过程及开箱后状态和参加人员、货损特写、恢复包装后的情况	永久
2.6.9	国内重要设备到货检查	设备包装原貌、开箱后情况、货损特写、恢复包装后情况	永久
2.6.10	主要设备仓储维护	主要设备仓储状态	永久
2.6.11	设备监造	主要设备重要监造点活动特写，表现设备、人员，不符合项特写，包括处理前后的情况	永久
2.7	重大不符合项及其处理等	不符合项全景，协调、处理过程	永久

续表

序号	文件类型	拍摄要求	保管期限
2.8	调试期间重大活动、设备缺陷处理、关键试验执行等	活动全景	永久
2.8.1	除盐水系统调试	活动主题、主要参加单位和人员等内容	永久
2.8.2	220 kV 倒送电	活动主题、主要参加单位和人员等内容	永久
2.8.3	泵房送水	活动主题、主要参加单位和人员等内容	永久
2.8.4	主控室可用	全景	永久
2.8.5	500 kV 主变可用	全景	永久
2.8.6	冷态试验	活动主题、主要参加单位和人员	永久
2.8.7	安全壳试验	活动主题、主要参加单位和人员	永久
2.8.8	热态试验	活动主题、主要参加单位和人员	永久
2.8.9	装料许可证颁发	活动主题、主要参加单位和人员	永久
2.8.10	开始装料	活动主题、主要参加单位和人员	永久
2.8.11	临界许可	活动主题、主要参加单位和人员	永久
2.8.12	首次临界	活动主题、主要参加单位和人员	永久
2.8.13	汽轮机冲转	活动主题、主要参加单位和人员	永久
2.8.14	首次并网	活动主题、主要参加单位和人员	永久
2.8.15	临时验收	活动主题、主要参加单位和人员	永久

续表

序号	文件类型	拍摄要求	保管期限
2.8.16	其他重大调试问题的解决	活动主题、主要参加单位和人员	永久
2.9	监理工作声像资料	活动主题、主要参加单位和人员	永久
3	生产运行活动		永久
3.1	机组首次临界、并网、商运、周年庆典	活动全景；关键人物	永久
3.2	机组出现异常故障、设备故障	故障设备全景，处理过程	永久
3.3	公司重大设备的维修（包括大修、小修、在役检查等）	关键厂房内维修活动全景、特写	永久
3.4	公司各类演习	演习各关键环节全景	永久
3.5	科研项目的研制过程	活动全景	永久
3.6	大型试验、关键技术鉴定和国家一级以上科技成果奖项	活动全景	永久
4	其他活动		永久
4.1	重大自然灾害		永久
4.2	重大安全事故、重大质量事故	反映重大安全事故、重大质量事故情况等	30 年

21 试块试样及见证件档案归档范围和具体要求不明确

（1）背景

某核电厂 1、2 号机组未产生见证件，扩建 3～6 号机组没有程序明确对试样试件、见证件归档范围及要求进行具体规定。

（2）问题描述

1）一期工程未归档焊接见证件，扩建工程未明确具体范围及要求。

2）无焊接见证件归档范围及要求。

（3）原因分析

1）外方技术原因，工程建设或设备建造过程中，未产生焊接见证件。

2）中方参建单位无试块、试样、见证件等特种介质档案的归档意识。

3）对于焊接见证件的利用价值认识不足。

（4）整改措施

1）组织专项会议，对生产运营部门、维修部门对于见证件档案的利用需求开展专项讨论，从档案利用角度进一步了解见证件档案的归档必要性。

2）多次召开专题会，明确试块、试样、见证件的收集整理职责，同时从查询便利性角度，优化见证件的著录信息。

3）升版程序，明确试块、试样、见证件的归档要求、归档范围、保管及利用要求等，保证公司在工程设计、建造、生产、管理等活动中产生的此类特种介质档案的完整性、准确性和系统性。

4）开展面向生产运营、维修等一线部门的专项培训，明确管理要求及管理职责。

（5）经验反馈

1）各施工单位严格按照特种介质管理程序执行，强化程序宣贯及执行力度。

2）业主各责任部门明确试块、试样、见证件等特种介质档案的管理职责，严格履行并反馈程序执行所发现的问题或对于归档范围的改进建议。

3）定期开展特种介质档案收集、标识整理及保管情况的专项检查，确保程序执行的一致性，对于发现的问题及时经验反馈。

4）明确档案的利用价值，强化意识，确保试块、试样、见证件档案的完整、准确、系统、有效。

22　项目监理照片档案收集不完整

（1）背景

2018 年 10 月 24 日至 26 日，中国核电组织验收组对某核电厂乏燃料临时干式贮存 5、6 号模块建设项目进行档案验收。验收检查中提出项目监理照片归档数量较少，收集不完整。

（2）问题描述

《建设项目档案管理规范》（DA/T 28—2018）规定：监理单位负责对所监理项目的归档文件的完整性、准确性、系统性、有效性和规范性进行审查。检查发现监理档案中除个别几张外，几乎没有反映监理工作进展的照片档案。

（3）原因分析

1）监理单位错误地认为施工单位照片提供齐全，不需重复提交；

2）项目声像档案的收集、整理相关规定操作性不强；

3）施工单位、监理单位文档人员均为兼职人员，文档意识薄弱、档案专业知识和技能不足；

4）业主项目责任人、文档管理人员对项目文件完整性、准确性审查力度不够。

（4）整改措施

项目经理责成监理单位以项目监理工作的视角和工作内容补充相关照片。

（5）经验反馈

1）加强对监理单位相关人员进行《照片档案管理规范》（GB/T 11821—2002）、《数码照片归档与管理规范》（DA/T 50—2015）、《中国核工业集团公司声像档案管理办法》（中核集团制度发布通告 2012 年第 33 号）、《核电项目数码照片档案采集及归档要求》（中核档发〔2014〕97 号）等声像档案的标准、规范进行培训、学习；

2）编制公司程序《声像资料及档案归档管理》，明确声像资料的收集范围、针对具体项目编制《某电厂乏燃料临时干式贮存设施 5 和 6 号模块建造工程影像资料收集整理办法》具体指导监理单位声像档案的采集、归档整理，操作性强；

3）通过“质保监察”“文档专项检查”“工程验收会”等各种档案人员“四参加”活动，进行检查、监督、指导，将声像档案检查纳入重点内容加以关注；

4）加强合同管理，将监理单位项目文件的管理责任、具体要求纳入专门章节或条款，对是否按要求管理和归档作为合同款支付的前提条件。

23 责任部门对维修工作包编制缺乏前端控制

（1）背景

根据 2017 年全年对某电厂维修工作包移交归档的情况，发现存在收集、移交不完整、整理不规范等情况。根据《工作包管理》管理程序中的归档范围，以往文档管理部门处于被动状态，发现维修工作包形成部门给什么文档部门就接收什么，没有积极主动的按照管理程序上的要求对移交文件是否齐全完整进行前端控制；发现缺少某些 M1 或 M2 分级的维修工作包中质量计划和维修规程等。

（2）问题描述

1）根据 EAM 系统 PIM（电厂信息功能模块）报表功能查询到的工单任务信息发现，移交归档的维修工作包数量明显少于需移交归档数量；

2）有些维修分级为 M1 或 M2 的维修工作包中缺少质量计划和维修规程等。

（3）原因分析

1）文档部门在文件接收管理上被动接收，没有做到前端控制；

2）设备工程师在对维修工作包进行审核时监督检查不够；

3）业务部门兼职文档管理员在对维修工作包进行移交前，整理缺少方法与经验。

（4）整改措施

1）EAM 上线后，所有专业、作业类型以及维修分级的工单任务已经全部记录在 EAM 系统，工单任务的完整性以 EAM 系统 PIM 报表为准。2018 年开始，文件一科每个月第一周从 EAM 系统的 PIM 报表中，将前一个月“已关闭”状态的工单查询统计生成报表下达给工作包产生部门，依照报表每月按计划进行工作包移交；

2）对 EAM 系统 PIM 报表模块查询功能进行优化，以达到报表完整、准确，避免遗漏；

3）编制《工作包工作细则》，对公司内工作包记录的规划、收集、整理、归档等环节进行规范管理；

4）针对相关处室兼职文件管理员的流动性大的特点，不定期对兼职文件管理员进行维修工作包移交前归档业务培训。

（5）经验反馈

1）维修部门应严格按照《工作包管理》程序关于工作包移交归档的规定对工作包进行收集。

2）业务部门设备工程师对维修部门移交的工作包进行审核，文件管理员在移交前的整理的过程中对需要移交的工作包再次检查。

24 生产记录报告编制不规范

（1）背景

2019 年初，因记录文件新旧编码切换，某电厂文档管理处对维修处整理移交的工作包记录进行检查，发现有些工作包记录收集、整理不符合《记录管理》《工作包管理》等程序中规定的要求。

（2）问题描述

1）工作包记录材料收集不齐全，缺乏系统性；

2）内容填写不完整，记录签字不完整；

3）有些工作包的记录人、工作负责人签字为机打；

4）工作包记录整理后的放置次序不规范。

（3）原因分析

1）部分维修人员未按照《记录管理》《工作包管理》程序要求进行材料收集与整理，移交的记录缺乏系统性、完整性、规范性；

2）有些维修人员档案意识淡薄，对签字重视程度不够；

3）有些文件归口处室的设备工程师未对内容的完整性和记录签字完整性核实就对工作包进行关闭。

（4）整改措施

1）文档管理处加强对维修处室人员记录文件收集及整理规范进行宣贯，安质处加强对维修处室人员工作包内容填写不完整和签字不完整进行检查与考核；

2）固定工作包目录，保证记录报告材料内容收集齐全，次序放置规范。

（5）经验反馈

1）进一步加强工作包标准化、规范化管理，从文件生成部门着手；

2）文档人员加强前端控制，深入现场进行文件收集、整理的指导与检查。

25 项目前期准备阶段档案不齐全、管理不规范

（1）背景

2012 年 5 月，专家组在对某核电厂一期项目前期档案进行专项检查时提出，项目前期档案在真实性、系统性、完整性、规范性等方面，还需进一步加强。

（2）问题描述

1）项目前期档案中存在较多的复印件，有些甚至没有签名和盖章；

2）现使用的二孔线装方式不利于保管和利用，应尽量保持文件材料原貌；

3）档案名称不规范，尽可能采用原文件名称，如原文件名称不能反映文件内容，档案整理人员拟写标题，准确反映文件内容信息；

4）档案盒上未注明全宗号。

（3）原因分析

1）由于该核电厂前期准备时间较长，在筹备处成立前近20 年的时间，项目前期工作由地方电业局负责，经两次移交后已归档至该核电厂信息文档处，但部分文件原件地方电业局拒

绝移交。另外，在筹备处成立后，前期工作由商务、设计、工程等多部门多人负责，项目前期文件分散保存在经办人手中未及时归档，加之后续办公场地移址，导致大量前期文件在搬迁过程中遗失。以上等因素导致该电厂项目前期文件复印件较多，在真实性及完整性方面有所欠缺。

2）在系统性及规范性方面，由于项目在前期建设过程中，档案人员配置短缺，且参加培训交流的机会较少，对于项目档案的整理经验较为欠缺，造成前期文件在组卷时，档案层次及分类机构不够清晰分明、卷件概念混淆等问题。

（4）整改措施

1）完整性及真实性方面：整理前期文件缺失清单，协调公司责任部门与外部单位沟通尝试取得原件，如确实无法取得原件的情况下，取得复印件后归档，并出具原件缺失说明已备查考。

2）系统性及规范性方面：一是根据专家意见，在档案盒上注明全宗号、更改装订方式、重新拟定案卷等；二是在后续增加了档案人员外出培训及同行交流的机会，提高档案人员业务水平。

（5）经验反馈

在项目建设前期，应注意配备有一定经验的文档管理人员，以便对于项目前期文件的收集、整理、归档等工作进行整体把握与监督。此外，还应保证文档管理人员一定频次地进行档案技能培训与同行交流，了解行业动态。

26 案卷不完整，部分项目档案归档不及时

（1）背景

2017 年 8 月，专家组在对某核电厂进行文档管理领域专项评估时提出，电站未能根据业务清单控制归档完整性及业务部门未严格履行内容审查职责，造成部分已归档的案卷不完整，部分项目档案未及时归档，不利于电站文件和档案的利用以及生产配置。

（2）问题描述

1）部分项目管理文件如业主发起的停工令、安全观察单、工程量签证单、物项调用单等未及时归档。

2）编码为 SMG-0000-E2-265～269 的施工图所对应的竣工图缺失。该作业已完成施工，竣工图却未及时移交，不能保证建安竣工文件的完整性。

3）《项目档案验收准备大纲》《设备竣工文件归档管理》《一期工程子项、系统、设备清单》《一期工程主合同文档条款汇编》等文件材料，缺少设备总清单及相关内容规定。

（3）原因分析

1）业务部门和文档部门未根据项目产生的业务文件清单

（例如子项清单、系统和设备清单、合同清单、设计 IED 清单等）对各类文件的归档完整性和归档进度进行主动控制，文档部门被动接收归档，主动控制不足。

2）部分业务部门未能严格按照程序及时开展已关闭文件的组卷归档，且对归档文件的完整性审查把关不严。

3）公司各类文件的归档范围均分散在相应的管理程序或工作程序中，未形成一份完整反映电站建设与运营、公司经营管理各领域的归档范围程序。

（4）整改措施

该电厂文档部门牵头推动各业务部门编制业务清单，并根据业务清单清查未归档文件，并制定催交计划完成归档；针对已归档案卷不完整的问题，文档部门根据程序规定的归档范围，对案卷完整性进行清查，并通知承包商补充移交。同时加强对业务部门的文档宣贯，要求其履行案卷完整性审查职责。

（5）经验反馈

在项目建设前期，确定并落实业务部门编制业务清单的职责，文档部门根据发布的业务清单制定归档计划，收集项目档案；总包项目需在合同中规定编制业务清单的内容，并结合业务清单及项目进展，制定年度归档计划，向业主及时移交归档。

27 停工令未整理移交归档

（1）背景

2018年7月3日至6日，核工业档案馆组织相关专家组对某核电项目档案进行预验收，专家在审查总包建安竣工文件完整性时提出施工现场产生的停工令未移交归档。

（2）问题描述

工程总包方未向业主单独移交停工令。

（3）原因分析

1）总包方认为在项目开展过程中，已通过信函形式向业主提交了停工令，因此不需要再以档案形式移交。

2）业主没有仔细核对相关国家标准、行业标准对归档文件范围的要求。

（4）整改措施

要求总包方将停工令作为一类档案收集、整理移交。

（5）经验反馈

1）需要仔细核对相关国家标准、行业标准对归档文件范围的要求，确保各类档案都已归档。

2）在工程项目开展过程中传递的文件应由总包方统一收集、整理后，以档案形式统一移交业主。

28 岩土勘察报告逻辑性不足，缺少系统性、完整性证明

（1）背景

2018 年 7 月 3 日至 6 日，核工业档案馆组织验收组对某核电开展项目档案预验收，验收专家在查阅前期岩土勘察文件时，指出岩土勘察报告逻辑性不强，系统性和完整性也难以确认。

（2）问题描述

岩土勘察报告逻辑性不足，缺少系统性、完整性证明。

（3）原因分析

核电项目因场地范围较大，子项众多，岩土勘察项目数量也多，形成的勘察报告数量比较大。一般情况下，岩土勘察类档案归入基本建设类的厂址勘察类目，按照时间顺序整理、排列。但这些勘察项目之间的关系，以及其完整性缺少证明材料。

（4）整改措施

梳理勘察项目之间的逻辑关系，将项目勘察范围和电厂厂址平面进行对比，确认每个子项范围都已被岩土勘察覆盖，形成岩土工程勘察档案逻辑图（如图 2.1 所示）。

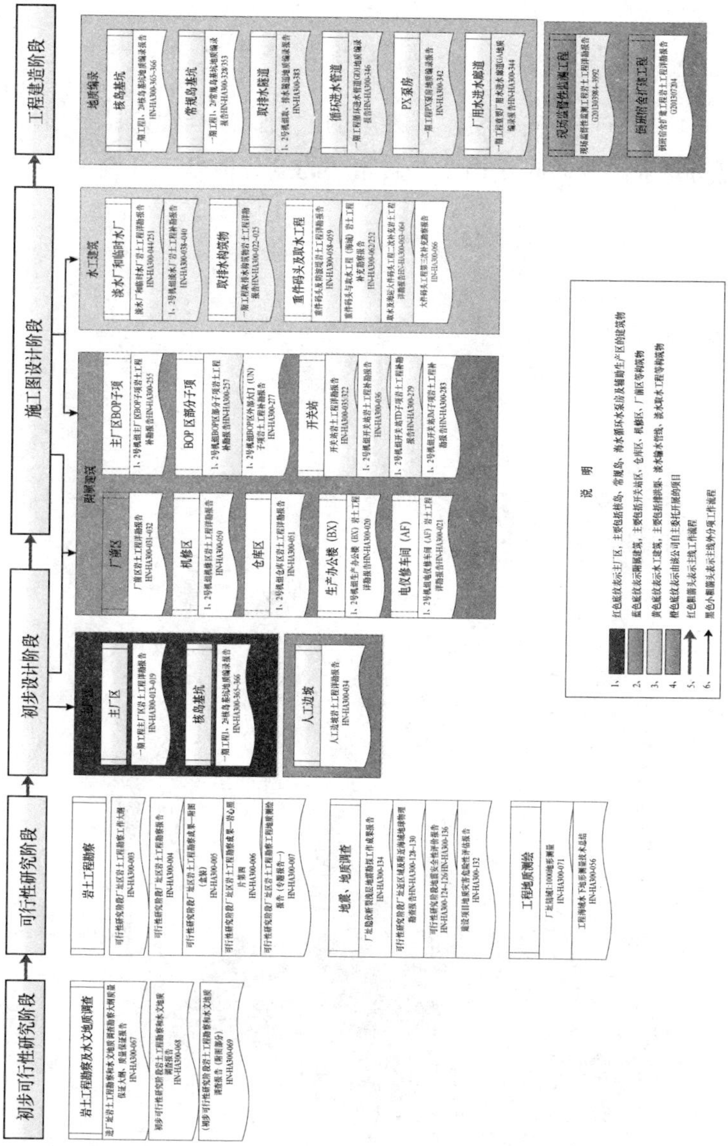

图 2.1　某核电厂一期工程岩土工程勘察逻辑图（部分内容）

（5）经验反馈

在项目前期就向负责厂址勘察的部门提出档案归档及项目梳理的要求，及时收集档案及其相关的业务信息。

29　项目前期阶段实物指标调查文件未移交归档

（1）背景

2019年3月4日至6日，国家档案局经科司组织专家组对某核电项目档案进行专项验收，验收组在查阅项目前期文件时，指出前期实物指标调查文件未移交存档，此类文件后续补充归档难度较大。

（2）问题描述

业主负责征地的部门未收集实物指标调查材料。

（3）原因分析

核电项目的征地目前基本是与当地政府签订协议，然后由当地政府出面进行征地拆迁的相关工作，因实物指标调查材料是由政府部门在征地拆迁过程中形成的，如果不主动向政府索要，就很可能收集不到。

（4）整改措施

将实物指标调查材料纳入档案收集范围。

（5）经验反馈

将实物指标调查材料纳入档案收集范围，写进管理程序。在项目前期提醒相关部门注意收集此类材料。

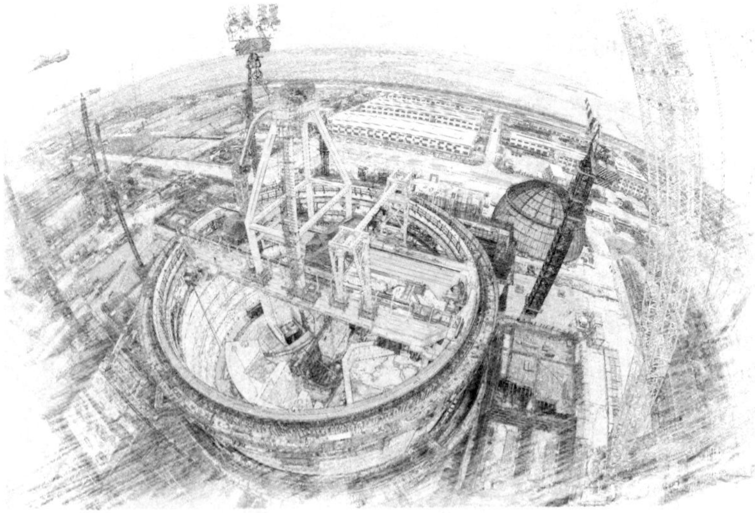

30 公文档案组卷不规范、部分附件未归档

（1）背景

2017 年 12 月 7 日至 8 日，核工业档案馆组织专家组对某核电厂 2 号机组项目档案开展同行评估，专家组在查阅公文档案时，提出公文未按项目或事件来组卷，请示与批复未按一件组卷，部分公文的附件没有与正文一起组件，部分归档公文无原件。

（2）问题描述

该电厂的信息文档处在对项目行政审批文件进行梳理及汇编时，发现有部分公文收发文中附件未附、报送的报告未归档等问题，归档文件的完整性、有效性无法保证，这对归档文件的价值及后续文件利用产生很大影响，具体情况如下。

1） 完整性无法保证，主要问题如下

① 请示或批复文件中注明有附件，但实际情况是附件未附在公文后，也未另行移交归档。

例：关于颁发××核电有限公司核材料许可证的通知（科工核安保〔2014〕1341 号）文件注明附件为：《关于××核电有限公司核材料许可证申请的评审意见》，经查附件未附在公文后（电子、纸质都未附），也未以其他形式存档。

② 关于报送的相关报告的请示文件，报告内容未附在请示后或以其他形式归档。

2）有效性无法保证，主要问题如下

① 请示或批复文件中有大部分文件移交归档的是复印件，复印件未进行盖章，整理时也未在备考表中注明原件的存档地点。

② 关于报送的相关报告的请示文件，报告原件未归档。

（3）原因分析

报送、报审类的公文所附的报告往往页数很多，发文部门为了方便，有的就没有移交文书，而是直接发送收文单位；有的在流程里只附了可编辑的未生效版本，没有移交签字、盖章的纸质生效版；有的发文部门直接将原件寄给了收文单位，给文书的是复印件。文书在处理公文时，没有注意收集此类文件，也没有注意辨别是否是原件，造成附件及其原件缺失。

（4）整改措施

由文书核对缺失附件或附件不是原件的情况，联系拟文部门补交附件原件（除非已通过其他途径向公司文档部门移交），将附件补充到对应的公文正文后面。如果附件是电子生效的原生电子文件，则将有效的电子文件替换原非正式的电子文件。

（5）经验反馈

1）针对归档公文附件不全的问题

① 各部门提交公司办公室的发文内容应齐全，公司办文书应核对文件附件的完整性。对于缺漏的应要求发文部门补齐，

对于因特殊原因不能提交的应注明原因。

② 对于收文附件不全的情况，应联系对方补发，因故未发该电厂附件时，文书应在登记时注明，并在归档时说明原因。

2）针对归档公文附件非原件的问题

① 各部门提交的发文附件，应为原件，除非已通过其他途径归档。

② 重要的直发该电厂的收文应收集原件。

3）公文归档问题

① 通过 ECM 形成的公文发文，加盖数字证书后，有归档价值的作为原生电子文件归档保存，不再打印纸质文件存档。纸质生效的公文发文，归档时，应归档纸质文件。

② 以电子文件形式接收的公文收文（如通过 ECM 和电子邮箱），加盖数字证书后，有归档价值的作为原生电子文件归档保存，不再打印纸质文件存档。以纸质形式接收的公文收文（如邮寄、传真等），加盖收文章，有归档价值的，按传统方式移交归档。

31 信函分类组卷不合理

（1）背景

2019 年 9 月国家档案局组织对某核电厂 1、2 号机组档案验收，提出该核电项目信函分类组卷不合理，并提出这是多个核电站共性问题，应引起重视。

（2）问题描述

1）核电厂信函单独形成一级类目，与国家企业档案分类相违背。信函作为一类文种，和其他党群建设、基本建设、设备仪器等并列在一起，内容存在交叉，分类维度标准不统一。

2）核电厂将信函直接按收函、发函，未按照信函来源原则或主题进行组卷，国家档案局领导在近期多次核电项目档案验收时提到，认为核电将信函作为单独一级类别，与其他类别并存，是交叉分类。

（3）原因分析

1）核电站编制《核电档案分类准则及编码规则》（NB/T 20042—2011），对核电信函简化处理导致而成。

2）核电站编制标准时，优先考虑简化操作，以系统方便查找为由，对档案学分类基本原则要保持同一级分类唯一性执行不够到位。

（4）整改措施

1）识别重要信函，对同一主题信函保持逻辑性，通过文档管理系统建立关联，文件实体即便不保存在同一案卷，但有相互指引，逻辑关系在一起。

2）组织对《核电档案分类准则及编码规则》（NB/T 20042—2011）进行修订。

（5）经验反馈

1）修订《核电档案分类准则及编码规则》（NB/T 20042—2011），并非所有信函都要组卷，对于重要信函按照主题内容进行组卷，保持来函和复函的关联关系。

2）新开工核电项目，在信函产生时，识别重要信函，按照主题内容进行组卷。

3）通过文档管理系统，录入信函时，对相关的信函、其他文件建立关联关系，方便按照主题内容进行信函查询。

32　科研项目档案中个别文件未签署时间、前后矛盾

（1）背景

2018 年 9 月，某核电厂部分科研项目结项文档审查，文档管理员经检查发现个别科研项目归档文件，在科研项目实施阶段的个别文件签署时间上，存在前后矛盾或缺失的问题。

（2）问题描述

1）个别项目的《实施方案》同《总结报告》的签署日期相同或过于接近，同项目实施周期存在逻辑上的矛盾；

2）个别项目实施阶段的过程文件在签署生效时未标注时间。

（3）原因分析

1）科研项目研究人员缺乏档案意识是一个普遍现象，生产/技术人员对于文档工作及文档本身价值的重要性也存在认识不足的情况，重业务轻文档、重形成轻积累、重内容轻整理的片面思想在项目管理和科研人员队伍中普遍存在；

2）个别科研项目负责人在文件形成及生效的相关要求缺

少了解，在签署文件时，遗漏时间。

3）个别科研项目在项目管理中未明确文档工作专/兼职人员，造成文件的形成、积累缺乏归口管理，散落在项目组成员手中，易发生遗失。

4）部分科研人员在追求科研进展和成果发表的同时，为方便对自己的科研过程文件随时翻阅查找，以各种理由和借口私自保留部分本应整理归档的文件材料，易发生文件遗失。

5）当项目结题并准备文档审查时，发现个别文档不全，项目组会重新制作文件，并补充签批，此时签署时间存在同实际情况不符的风险。

（4）整改措施

1）2019 年 9 月，文档管理员在发现上述问题后，明确该项目文档未通过审查，将项目文件整体退回责任处室整改，完成整改后重新提交审查；

2）要求项目组对项目文件原件进行查找并补充收集，缺失遗失的文件根据实际情况进行补充，从而保证文件签批信息及内容的准确性；

3）要求项目组对遗漏签署时间的文件进行补充标注，从而保证文件签批信息的准确性。

（5）经验反馈

全面推行《科研文件归档情况说明书》填报制度，《说明书》作为科研项目归档的一个必备要件，对项目概况、项目文件管理情况和输出成果进行详细说明，并由项目负责人签署。从而进一步明确科研项目负责人对项目文件形成、积累、整理、归档的主体责任，从而强化项目管理过程中对文档工作的重视程度。

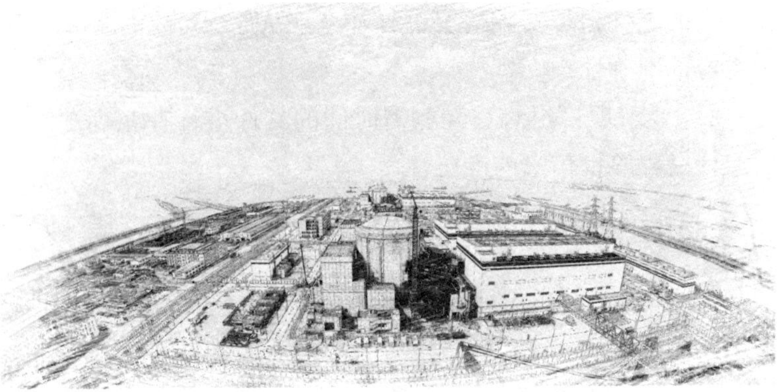

33　项目文件中文书档案归档不全

（1）背景

2019 年 5 月 27 日至 28 日，中国核电组织验收组对某核电厂 1.77 MW 分布式光伏发电项目进行档案验收。验收检查中提出项目归档文件中缺少中国核电对于投资主体变更的批准文件、中国核电委托评估文件。

（2）问题描述

1）中国核电战投发〔2017〕1035 号《关于××核电 1.77 MW 分布式光伏发电项目的批复》中记录，项目实施责任单位：中核核电运行管理有限公司；合同文件 QS2018S9001《××核电分布式光伏发电项目 EPC 总承包合同》，发包方为：中核核电运行管理有限公司、中核浙江电能服务有限公司。合同文件 QS2018E9014《分布式光伏发电购售电合同》，乙方（售电方）：中核浙江电能服务有限公司；由此发现项目投资主体发生变更，但未归档投资主体变更批准文件。

2）中核工程评〔2017〕77 号《关于报送〈××核电分布式光伏发电项目建议书（代可行性研究报告）〉评估报告的函》中记录，受贵公司委托（中国核电投发〔2017〕882 号），于 2017 年 9 月 14 日在北京组织专家对××核电分布式光伏发电项目建议书（代可行性研究报告）（以下简称“项目建议书”）进行了评审。但中国核电投发〔2017〕882 号文件未归档。

（3）原因分析

项目责任人未重视外部单位生成的文件收集与整理，文书档案不完整。

（4）整改措施

1）中国核电对于投资主体变更批准文件为中国核电纪要〔2017〕1160 号《中国核能电力股份有限公司 2017 年第二十三次总经理办公会纪要》：会议审议了“关于调整××核电分布式光伏发电项目投资主体的报告”。会议同意由中核浙江电能服务有限公司（以下简称“中浙电能”）作为投资主体，开展该项目实施工作。中国核电纪要〔2017〕1160 号，作为文书档案补充归档；

2）中国核电战投发〔2017〕882 号，作为文书档案补充归档；

3）向项目责任人宣贯，需重视项目全过程各有关单位文书档案的收集与整理，确保文书档案的完整性。

（5）经验反馈

应掌握文书档案“请示—批复”的对应，仅有单方档案时应主动收集另一方档案。应掌握项目的重大变化，如投资主体变化、投资金额变化、总包方变化等情况，并收集相应文书档案。

34　新能源项目未与电厂项目的文档编码体系进行区分

（1）背景

2019 年 5 月 27 日至 28 日，中国核电组织验收组对某核电厂 1.77 MW 分布式光伏发电项目进行档案验收。验收检查中提出文件新能源项目的档案与核电档案同一编码，为保证项目档案的完整性与系统性，应将新能源项目单独编码。

（2）问题描述

1）该项目的文件编码原则依据《文件编码管理程序》中非生产项目文件，如图 2.2 所示。

6.1.4.5　非生产项目文件

指与厂址发电机组生产不直接相关的建设项目。

1）编码结构：机组代码+项目代码+文件类型代码+项目流水号，如下图所示

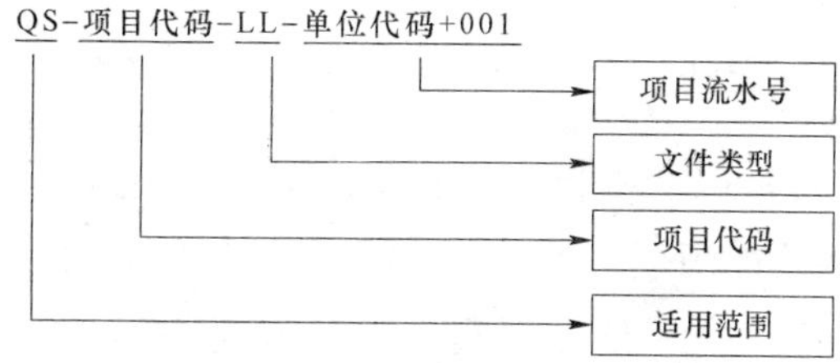

图 2.2　文件编码管理程序 6.1.4.5

2）该项目的档号编码规则依据《档案分类及编码规则管

理程序》中档案分类主表。

H19	附属工程	除主体工程以外的宿舍、餐厅、办公楼、活动中心等建筑物的设计、施工、安装、调试、竣工验收	
H191	工程管理	进度计划、进度报告、协调与接口、质量控制等管理性文件	
H192	工程筹建	项目报批、征地移民、厂址勘察、可研等	构/建筑物
H193	工程设计	设计文件、施工过程文件等	构/建筑物
H194	变更文件	设计变更、现场变更	构/建筑物
H195	施工文件	建安、调试交工文件等	构/建筑物
H196	竣工图	竣工图	构/建筑物
H197	监理文件	工程监理文件	构/建筑物
H198	竣工验收文件	竣工验收文件	构/建筑物
H199	其他	上述范围之外的其他归档文件	构/建筑物

图 2.3　档案分案主表（H 类）

（3）原因分析

该项目依据《文件编码》及《档案分类及编码规则管理》程序执行。

（4）整改措施

1）由该电厂文档管理处文档技术科牵头组织专题会讨论确定非核清洁能源项目制定相关的文件管理和归档制度、规范。

2）明确确定光伏发电建设项目依据 NB/T 32037—2017《光伏发电建设项目文件归档与档案整理规范》执行。

3）文档管理处监督、指导参建单位项目文件的形成、收集、整理和归档工作。

4）文档管理处负责审查项目文件归档的完整性和整理的规范性、系统性。

（5）经验反馈

对非核清洁能源项目文件编码的确定由文档管理处文档技术科牵头指导文件编码的标准性、规范性、正确性，确保文件编码的唯一性和准确性。

第三部分
档案保管方面经验反馈

1 档案库房建设前期功能规划不全面

（1）背景

某核电厂文档库房在前期规划时未能很好满足功能分区原则，导致后续在使用时存在一定不便。

（2）问题描述

1）该电厂仅设置了档案库未设置文件暂存库，导致文件与档案同在一个库房内存放。不仅不利于库房的整洁美观，随着时间发展，暂存的文件积累占用了档案的排架，不利于档案的保管。

2）文档库房规划之初未设置专用的岩心库房，导致岩心暂存预处理水厂，不利于岩心的安全保管。

（3）原因分析

在文档库房前期规划时，未能很好预估功能用房设置情况。

（4）整改措施

1）对已暂存在文档库房的文件进行清点，确认归档状态，已归档的文件按照程序进行销毁；未归档的文件经鉴定后再整理组卷。

2）划分专用库房用于文件暂存。

3）设置专用岩心库存放岩心档案。

（5）经验反馈

1）根据核电项目规划，在办公区建设时，提前规划档案库房及办公区。

2）充分调研已运行电厂，了解档案种类及库房面积，合理划分库房。

3）重视特种介质档案库房的规划与建设，落实库房保管设施设备要求。

2　维修工作包入库排架方式不系统

（1）背景

根据以往对纸质维修工作包借阅利用情况的总结，发现如果在核电站失电情况下存在查找困难等情况。电站运营期间产生来自运行、维修、防腐、通讯、实物保护、辐射防护、在役检查等有关的工作中产生的维修工作包由于数量庞大，档案入库无规则导致纸质档案查找困难。

（2）问题描述

查找纸质维修工作包需要借助计算机查询排架号等信息，而在电站失电的情况下查找需要很多时间。

（3）原因分析

1）以往的生产记录排架是按照专业年度以及大流水号依次进行排架；

2）由于以往管理模式，缺少可查询的纸质及电子台账。

（4）整改措施

1）经优化，现在的排架方式按照：机组—系统—工单任务号（或序列号+YYMMDD）方式，遵循一定的规律进行排架，即便在电站失电的情况下，也能准确查找到；

2）通过装盒上架再次进行二次检查，把工作包的排序错误率降低到最低，确保在脱机的情况下也能准确查找到。

（5）经验反馈

1）保证库房排架的有序完整性；

2）建立完整标准的电子台账。

3　特种介质的保管和安全管理不到位

（1）背景

2017 年 8 月，专家组在对某核电厂进行文档管理领域专项评估时提出，特殊介质档案的保管与安全管理方面存在不足。

（2）问题描述

1）未设立见证件库房，亦未收集见证件；

2）部分设备的射线底片保管不符合管理要求：

3）针对库房应急培训与演练，信息文档处目前只开展了应急培训，截至 8 月 23 日尚未实施真正的应急演练。而《档案工作突发事件应急预案》6.7 章节中规定“参与档案工作突发事件应急的人员每年组织一次培训和演练”。

（3）原因分析

公司管理程序中缺少对岩心、见证件、射线胶片存档的管理要求，用于特殊介质的库房亦配备不足；关于库房应急演练的工作在程序中虽有规定，但执行不到位。

（4）整改措施

1）升版《特殊介质归档管理》程序，补充岩心与见证件保管及安全管理要求；

2）按照程序要求，每年至少组织一次库房突发事件处置方法的培训以及库房应急演习。

（5）经验反馈

1）在文档程序体系规划时，应着重注意特殊介质档案存放方面的管理要求。

2）针对档案工作中的突发事件应制定相应的应急预案并定期演练，提高档案人员档案安全意识以及应对突发事情的能力。

第四部分
文档管理良好实践

1 首创“联合文档管理中心”模式

（1）主要做法

2007年1月，福清核电项目业主福建福清核电有限公司从管理创新入手，联合中国核电工程公司、核工业档案馆、核工业计算机应用与研究所，在充分了解核电同行文档管理模式和软件平台的基础上，根据“发挥集团整体优势，推行工程总承包下的专业公司运作模式”这一项目特点，建立项目业主方与项目总包方一体化的“联合文档管理中心”，配备了满足工作需要的文档管理人员，明确了项目档案的领导责任和参建各方文档管理职责构建起协调有力、实施高效的档案管理体系。

（2）取得的效果

发挥双方整体优势，实现资源共享；并从源头上控制文件的形成与流向，实现文件和档案的“无缝”衔接，为规范项目档案管理提供了保障和支撑。该模式以《新模式下核电文档管理思考》为题刊登在《中国核工业》杂志上。2009年，国家档案局在项目档案执法检查时，对“联合文档管理中心”模式给予了充分的肯定，并邀请该管理模式负责人在同年召开的全国建设项目档案工作会议上介绍管理经验。2010年该管理模式被《中国核电》杂志以“全生命周期文档管理模式在核电项目的应用”为题进行了介绍。2015年福清核电《“联合文档管理中心”模式在核电文档管理中的构建与实施》获得中国国防科技工业企业管理创新成果评审委员会创新成果二等奖。2016年6月，“联合文档管理中心”模式在福清核电项目建设中取得了较好的应用效果，并在后续核电项目中得到广泛应用。

2 开创“项目档案分阶段验收（评估）”管理模式

（1）主要做法

在项目土建工程开始时，启动并组织对项目前期文档的验收工作，并组织验收中发现问题的整改工作；在项目安装工程开始时，启动并组织对项目土建工程文档的验收工作，并组织验收中发现问题的整改工作；在项目调试开始时，启动并组织对项目安装工程文档的验收工作，并组织验收中发现问题的整改工作；在机组发电时，启动并组织对机组调试文档的验收工作，并组织验收中发现问题的整改工作；在机组投入商业运行后，启动迎接项目档案国家验收的各项准备工作。福清核电项目根据核电项目建设周期长的特点，在吸取了国内核电项目档案验收普遍存在的困难和问题的基础上，福清核电确立了项目档案分段验收（评估）的管理模式。

（2）取得的效果

2009 年，福清核电项目前期档案阶段验收会顺利召开，标志着核电项目分阶段档案验收（评估）模式正式开启，同年 9 月，国家档案局副局长李和平对福清核电项目档案工作进行检查指导，对分阶段档案验收评估模式给予高度肯定。

分阶段档案验收（评估）模式，有利于进一步加强核电工程项目档案过程管控，减小整体一次性验收给项目业主带来的压力和风险，有力提升项目档案的完整性、准确性、系统性和安全性。分阶段档案验收（评估）模式在福清核电项目取得了良好的效果，后续在其他核电项目也得到了广泛应用。

3 入围“电子文件归档和电子档案管理”首批试点单位

（1）主要做法

2017 年度，国家档案局和国家发改委联合公布 33 家企业电子文件归档和电子档案管理第一批试点单位名单，福清核电申报的“ECM（企业内容管理系统）形成的电子文件归档和电子档案管理”试点项目成功入围，成为福建省唯一入围企业。2018 年 1 月 23 日，国家档案局组织通过了福清核电电子文件归档和电子档案管理试点项目验收。

同年，为推广电子文件归档应用范围，结合福清核电生产记录的产生方式、移交要求，福清核电文档人员着力于连通业务系统与 ECM 文档系统的接口开发，实现了业务系统生产记录的电子化移交功能。

（2）取得的效果

通过项目实施，升版《电子文件归档和电子档案管理》程序、编制《试点项目电子文件归档范围和保管期限表》《福清核电电子文件元数据方案》《N1-ECM 系统工程文件管理详细设计方案》《N1-ECM 系统虚拟组卷功能设计方案》等成果文件，明确试点项目电子文件归档范围和保管期限、归档格式、归档方式，规范公司电子文件形成、收集、整理、归档、利用、处置以及元数据管理、系统标准服务接口与功能等要求。为实现电子文件统一、全程管理，确保电子文件真实性、完整性、可用性和安全性提供了重要支撑。不仅提升了福清核电文档管理水平，也为电子文件和电子档案管理提供行业借鉴经验，发挥试点示范引领作用。

4　首创文档一体化编码

（1）主要做法

2009年，海南核电有限公司在公司成立初期，将公司范围内的各种文件编码与《核电档案分类准则及编码规则》（NB/T 20042—2011）中的档号相结合，创制了一套文档一体化编码。该编码的主要特点是文件编号和档案编号合二为一，既是文号又是档号。

为了更好地发挥文档一体化编码的优势，文档部门还建立了文种登记制度。海南核电有限公司质保大纲规定：所有程序中涉及的文件、记录、表格等必须采用HN编码，并在程序“记录”一节中注明。质保部门在程序审查环节，文档部门在程序发布环节检查文种登记情况是否满足管理要求。文种新增、变更登记的内容应包括该文种的属类划分、文种名称、编码规则、是否归档、保管期限、密级、使用权限和文种模板等。

此外，海南核电还建立了文档一体化编码管理系统，该系统由文种新增、变更流程、编码系统管理端、编码系统客户端三个部分构成，可以实现文种登记、管理、查询，文件编码自助登记等功能。通过该系统实现了文件产生实时登记。由于文档编码管理系统记录了公司所有产生的文件及其基本信息，可以基于该系统做到对其他业务系统的跨库检索，从而实现对企业所有已产生的文件的实时检索。

（2）取得的效果

该体系运行十年以来，已产生文种一千多种，产生文件 10 万份以上，该体系对于规范公司文件产生，从源头上实现文档一体化管理。加强了文档部门对企业信息资源的掌控。文档一体化编码具有极强的包容性，可以将企业的所有文件纳入管理，文档编码系统在提供编码的同时，记录了企业产生的所有文件，实现了文档部门对文件产生情况的实时掌控，文档部门可以据此制定更为合理的归档方案和归档计划，从而最大程度地确保归档文件的完整性。

加强了文档部门与业务部门的联系。由于文档一体化编码覆盖了核电厂大部分的文件，业务部门在文种新增、变更、作废时，文档部门需要与其进行协商、讨论；各业务信息系统开发时，文档部门必须参与到编码和模板模块的接口制定中去。在此过程中，文档部门需要了解业务部门的工作职能、管理流程、甚至厂房区域划分、系统划分、专业划分等专业知识，而业务部门需要了解文档一体化编码的体系结构和规则，这些都将加深双方的联系。

为企业部门之间、项目内部的工作协作提供了便利。文档编码的本质是在一定范围内给文件一个唯一确定的标识，以便于工作的使用。使用统一的编码分类、编码格式，有助于打破企业之间、专业领域之间、部门之间的隔阂，有利于加强工作协作。

有利于公司文档体系的长期稳定运行。长期来看，企业组织机构总是在不断调整的，在统一的编码体系环境下，文种类别和职能、领域相关度更高，而和具体的使用部门相关度低，部门的调整、变化不会对编码体系造成大的影响，文档体系将具备很好的稳定性和延续性，这对于业务部门工作的延续性和知识的积累都有积极的影响。

有利于提高档案工作质量和效率。文档一体化编码体系要求文种在产生之初就赋予其文件和档案的所有属性，有利于文档部门从文件源头上规范文件形成，从而确保档案归档的质量。此外，文档一体化编码的使用，大大简化了归档整理工作，提高了档案工作效率。简化后端整理，将档案工作重心前移，有利于文档部门提升自身影响力，创造更大价值。

5　创立核电档案迎检“八法”

（1）主要做法

1）事先演习法

通过事先内部多次演练调卷，将可能出现的问题提前暴露，对发现的问题进行整改达到国家与行业标准的要求，做好相关准备工作，减少档案验收时的压力，达到事半功倍的效果。

2）检查回顾法

对历次分阶段验收、专项验收、同行评估中发现的问题进行收集汇总，梳理和分析问题所在的领域、性质与总量，及时总结归纳，避免后续阶段同质问题重复发生。

3）视频汇报法

建设项目档案宣传片表现形式鲜活、生动，受众广泛，是展现档案工作的工具，更是展示宣传公司项目建设工作的平台，宣传片所反映出的项目档案管理创新、项目建设成就吸引了专家广泛关注并获得一致好评。

4）微信调卷法

有别于传统纸质调卷单，将调卷单拍照上传至微信群组中，库房调卷人员无需等待，能立即查看并调出相应案卷，及时交给转运人员，减少了转运人员的等待时间。这种方式大幅提高了调卷的效率，节省了人力并且降低了人因失误。

5）主动展示法

运用视频、多媒体等多种方式及平台向专家展示文档智能化、数字化、发挥文档价值方面的系列成果以及档案宣传、培训等多层面工作，对开展的良好实践和工作创新进行分享和交流，对今后的管理提升明确了方向和措施。

6）贴心服务法

注重会议室检查、茶点药品准备、引路陪同等细节服务，让专家感受到贴心、暖心、用心。

7）专题汇编法

对项目专题文件、荣誉档案、工程图片、文档检查、培训等记录做专题汇编，为验收评估提供有效原始佐证材料，大大提高了验收工作组的工作效率，使各项验收评估顺利进行，得到了专家好评。

8）先扬后释法

验收前从文档管理的工作目标、工作实践与评价、组织结构与人才队伍、程序体系、信息化建设、文档管理成果以及验收准备等方面向与会专家详细介绍，在正式验收期间安排专业技术人员以“一对一”的方式耐心细致回答专家提出的问题，得到了专家高度认可。

（2）取得的效果

福清核电通过档案迎检“八法”的实施，分别高质量地通过了国家档案局组织的福清核电 1 号机组及公共子项项目档案阶段验收、福清核电 1、2 号机组项目档案预验收，福清核电 1～4 号机组项目档案验收，为其他核电项目档案验收提供了示范和借鉴。

6 引入专业文档外包服务模式

（1）主要做法

为更好地维护核电文档的准确性、完整性和系统性及信息系统的稳定性，本着业务标准化和管理规范化的原则，以用户的需求为中心，更好地发挥信息文档的利用和服务职能，福清核电探索实践出文档业务采用外包服务的方式，通过合同方式寻求具有充分资质和丰富经验的文档服务公司在电厂监督指导下开展文件管理、档案管理、应用系统管理、网络硬件管理等信息文档支持工作。

（2）取得的效果

该模式增加了文档工作的力量，有效确保了信息文档领域相关工作的有序开展，确保核电文档收集的质量，提升了文档管理的工作效率。该模式也陆续在核电同行推广使用。

7　首创“按工作量计费”的文档外包模式

（1）主要做法

核电企业日常档案工作任务复杂，工作量大，而专职人员又非常有限，为解决这种矛盾，长期以来，核电企业的档案部门使用适量的劳务派遣人员辅助开展各项文档工作，各家单位在实施过程中，百花齐放，出现了多种管理模式。海南核电自2015年开始探索日常档案业务的外包工作，并于2017年正式实施，在实践过程中探索出了一条档案服务外包的新路子。

1）明确外包业务范围。对于企业有重大影响的核心业务不宜外包，主要包括文档部门的管理职责，如：制定公司文档管理制度；对其他部门、承包商的文档工作进行检查、指导、监督、考核、协调等；对企业有长远和重大影响的工作，包括文档工作规划及重要计划、文档信息系统建设规划和档案馆舍建设规划等；对核电安全产生直接影响的工作，如现场执行文件的控制等；能突出展现档案工作价值的工作，如文档数据挖掘、分析、知识管理、配置管理等。技术难度大，培训成本高的工作不适合外包，如需要对企业业务、现状、需求有长期、深入的了解的档案编研工作。潜在风险较大的工作不适合外包，如涉密文档管理、文档信息系统授权、合同付款会签等。经过对企业业务层次的划分，得到如下图，核心业务以下的重要业务和支持业务都可以外包。

2）其次在计费模式方面，海南核电主要对比分析了按人数计费和按工作量计费两种方式。

按人数计费即：合同总价=单价×人数，其优点是结算简单，但是受甲方影响的变量。从工作量角度看，工作总量=工作效率×人数，是受乙方影响的变量。核电企业档案的日常工作总量是未知的，外包的实际工作总量是变量；工作效率则受外包工作人员质量和外包单位管理水平以及其他因素的影响，合同双方会产生巨大分歧，该模式对双方来说都存在巨大风险。此外，按人数计费，在总价和人数不变的情况下，乙方工作人员的收入基本固定，缺少对其激励的空间。

按工作量计件制：合同总价=单价×数量，只对工作的数量和质量提出要求，对人数不做规定，其优点是据实结算，不受甲方工作总量变化和乙方管理水平、人员素质等因素影响，但却难以确定单价和统计部分档案工作量。

在实际工作中，海南核电采用了二者相结合的方式，将外包工作分为可计量工作和无法准确计量的工作。可计量工作指某项工作的内容、步骤比较固定的工作，可根据对该项工作长期以来的效率评估后给出合适的单价，并按照项目执行期间实际产生的工作量计费。如文件的著录、分发、检查、整理、数字化、电子文件上传、下载等。无法准确计量的工作则是根据经验针对不可预见的情况较多的项目明确工作范围后给出固定的总单价的工作。如工作程序编制、档案归档控制、档案安全控制、文档培训、档案利用、档案用品管理、档案培训、宣传等。一般具体操作性的业务是可计量的，而偏管理性的业务则无法准确计量。

3）划分业务项目（图 4.1）。按处理对象类型划分计费项目。

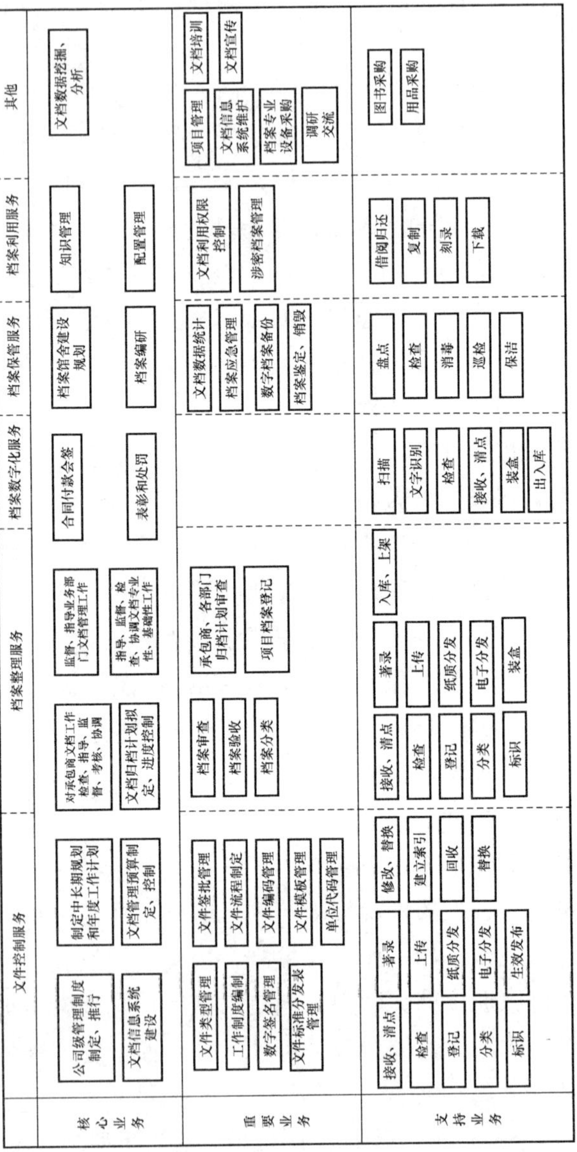

文件控制服务
档案整理服务
档案数字化服务
档案保管服务
档案利用服务
其他
核心业务
公司级管理制度制定、推行
文档信息系统建设
制定中长期规划和年度工作计划
文档管理预算制定、控制
对承包商文档工作检查、指导、监督、考核、协调
文档归档计划拟定、进度控制
监督、指导业务部门文档管理工作
指导、监督、检查、协调文档专业性、基础性工作
合同付款会签
表彰和处罚
档案馆舍建设规划
档案编研
知识管理
配置管理
文档数据挖掘、分析
重要业务
文件类型管理
工作制度编制
数字签名管理
文件标准分发表管理
文件签批管理
文件流程制定
文件编码管理
文件模板管理
单位代码管理
档案审查
档案验收
档案分类
承包商、各部门归档计划审查
项目档案登记
文档数据统计
档案应急管理
数字档案备份
档案鉴定、销毁
文档利用权限控制
涉密档案管理
项目管理
文档信息系统维护
档案专业设备采购
调研交流
文档培训
文档宣传
支持业务
接收、清点
检查
登记
分类
标识
著录
上传
纸质分发
电子分发
生效发布
修改、替换
建立索引
回收
替换
接收、清点
检查
登记
分类
标识
著录
上传
纸质分发
电子分发
装盒
入库、上架
扫描
文字识别
检查
接收、清点
装盒
出入库
盘点
检查
消毒
巡检
保洁
借阅归还
复制
刻录
下载
图书采购
用品采购

图 4.1　业务划分

不同文件类型处理流程和耗时相差较大的作为不同项目询价，如信函发文分发、信函分发、管理制度分发、工程技术文件分发、生产技术文件分发、商务文件分发等。不同介质类型的归档文件的处理流程和所需时间也不相同，也作为不同的计费项目。按处理环节划分计费项目。对于环节多但某些环节可单独开展的，或者处理不是所有的环节都会涉及的，按环节划分工作内容。如文件收发包含著录、分发和升版等，但大部分著录好的文件只需电子分发，并不用纸质分发，而且只有小部分文件需升版。如档案的接收，大部分档案由移交单位（部门）整理，档案部门只需检查接收；但也有小部分需由档案部门整理后归档，因此将整理和接收分为两个计费项目。

综合两种标准划分计费项目，两种划分标准结合后产生了四种计费项目。

4）明确业务项目外延。文档工作是一项操作性和管理性结合的工作，如信函发文除了按照工作流程完成相关工作外，还要处理一些非常规的工作，如必要的沟通、简单培训、协助对方查找文件等，这些需要向投标方明确已包含在该项计费工作中。因此需要比较精准地描述每项业务的外延，如信函发文的内容描述为："检查信函格式，将 ECM 流程中待分发的函件转换为 PDF 格式，加盖电子印章，通过传真、邮件等形式将信函发往相应收文单位。系统中缺少单位代码的需要联系发文部门补充单位信息和代码。答复相关问题咨询、文件查找等。具体流程参照《信函管理》程序执行。"为统一工作标准，海南核电在发包时，在技术规格书中每一项可计量工作的工作内容、单位、工作要求进行了详细描述。

5）明确项目管理模式。项目任务交办分为两种模式：第一是日常型工作，如文件收发、运转、库房巡检、图书采购等，该类工作无需甲方通知、交办乙方，乙方从规定渠道接收到文件和档案后直接按照工作规程进行处理。月末乙方填写《文档外委日常工作确认单》,由甲方每项业务的对口人员确认工作量并签字。第二是项目型工作，如库房倒架、遗留问题整改、临时性的大量工作等。该类工作由甲方业务负责人填写《文档外委工作任务单》，写明任务名称、来源、内容、目标和任务时限要求，并根据合同单价预测项目费用，经科室负责人审批后执行，费用较高的项目则需处长审批。任务单经审批通过后，交乙方执行经理，由乙方执行经理安排其员工具体执行。任务完成后，乙方负责填写任务实际完成日期和任务完成情况，并结算任务费用，对于完成的工作内容应尽可能提供证明材料，以证明该项工作确实发生。最后由甲方验收人员对任务完成的数量和质量进行验证并签字，实际发生费用较高的项目需要处长签字关闭。

（2）取得的效果

第一,日常档案工作服务外包将业主文档管理人员从简单、机械的，价值较低的日常工作中解放出来，从事对企业最有价值的档案工作。第二，由文档外包公司负责档案辅助人员的培训和日常管理等工作，减少文档部门的人员管理压力。第三，文档外包公司创造一个具有一定薪酬吸引力，有上升途径，能够提高员工工作积极性的工作环境，提供一支比较稳定的员工队伍，确保档案工作的质量不断得到提高。第四，计件制的计费模式提高了外委单位的工作积极性，权责划分也比较清晰、明确，没有产生各种纠纷。

8 深化文档信息化

（1）主要做法

福清核电将知识管理、配置管理的理念与文档信息化有机融合，建立了国际先进的企业内容管理平台（ECM）；随着福清 5 号机组穹顶吊装成功，“华龙一号”全球首堆示范工程正式进入设备安装阶段。福清核电文档工作者积极开拓“互联网+”文档管理，基于云平台，实现了文档信息移动服务；自主研发了“搜福”文档数据搜索引擎。

（2）取得的效果

实现了文档管理、企业门户和工作流程一体化管理；实现了文档信息移动服务，初步实现了“大数据+”文档管理。

（1）主要做法

三门核电较重视文档信息化工作，公司文档管理信息系统和业务管理系统实现了信息交互和共享，通过引入大数据和人工智能等先进理念，文档管理信息系统实现了智能著录、智能批分和智能编研等功能。

（2）取得的成效

1）工程函件智能批分

公司根据工程信函的特点、公司业务部门职责与工程进度等信息，梳理出一套函件相关元数据，建立了函件批分矩阵约400 条系统可识别的批分规则，并将这些规则借助信息系统技术，实现了“批分矩阵为主、机器判断为辅”的智能批分。通过智能批分系统，68.3%的函件实现全自动批分，14.7%的函件实现系统自动推荐批分建议再由批分人员手动批分的半自动批分，工程函件批分正确率可达到 98.7%。该系统功能的创建使公司文件在信息文档处 24 小时内的处理率达到 98.3%，智能批分也可节约管理层 2 500 小时/年的工作时间，大大提高了工程函件处理的及时性和准确性。

2）文档管理系统对接业务系统

文档管理信息系统与公司业务流系统 SPMS、办公自动化系统 ECIS、XCP 等实现了无缝集成，实现跨系统间数据的关联、传输，支持与各种应用系统的数据共享，且文档管理系统作为公司正式有效文件的唯一存储平台，其他系统均可调用文档管理系统统一数据，达到信息资源高度整合，有效保证了各种活动所依据文件的统一管理。

3）文档管理系统自动判定存放路径

文档管理信息系统设置了较为全面的规则，通过统一入口，系统根据预设规则判断文件存储路径（存放目录），突破了传统需要逐级查找路径著录文件的操作方式，提高了文件处理的效率和规范性。

10　实现商务文件管理全流程信息化

（1）主要做法

为加强商务文件移交、归档工作的规范性，提高商务文件收集的完整性，提升商务文件利用的有效性，福清核电信息文档处文档科牵头组织专项小组，遵照国家和行业标准，借鉴国内核电同行较成熟的管理方式，并与公司商务部门进行了充分沟通交流后，最终升版了《商务文件交接归档管理》程序，通过信息化手段固化为可落地、可执行的商务文件交接归档电子化流程，达到了规范管理、提升效率的目标。

（2）取得的效果

1）商务文件移交：区分采购方式和执行阶段交接清单，设计了四种商务文件包（单供/续签商务文件移交申请、询价等商务文件移交申请、招标商务文件移交申请及合同执行商务文件移交申请），商务人员将待交接文件放置在文件中转站，信息文档处档案人员基于电子化流程定期上门检查，通过电子化流程跟踪，确保商务文件 3 个工作日完成交接，线上交接占比100%；

2）商务文件检查：问题文件通过 FFBUS 系统逐项记录并回退给商务人员自行更正，过程有记录有依据；

3）商务文件整理：目前商务文件均采用双套制（电子及纸质）归档，对于上传至 FFBUS 系统的电子文件，由信息文档处文档整理人员自行打印后直接进行电子归档，而打印的纸质文件不再进行扫描，此操作方式直接节省了电子移交文件的扫描费用。通过电子化流程跟踪，确保 5 个工作日完成合同文本的整理、著录 ECM 系统并分发，按时发布率达到了 100%；

4）商务文件归档：使用信息化手段固化商务文件移交流程后，2018 年 9 月至今，商务文件的电子及纸质归档工作均在 25 个工作日内完成，归档及时率达到了 100%，不仅高效地完成了商务文件的归档工作，在质量和利用便捷性也取得了显著成效；

5）商务文件利用：由商务人员在交接阶段指定文件分发范围的处室及人员均可自行在 ECM 系统查阅所需文件；无查阅权限人员可通过电子化审批流程实现在线查阅。

11　总结档案管理经验成果丰硕

（1）主要做法

根据多年的工作经验，福清核电主编出版了《核电文件档案管理》《数字化文档管理》等书籍；制作了《点亮兰台》《夯实兰台》《不忘初心，筑梦兰台》等文档管理纪实片，形成了工程大事记、图片集、文件汇编等多种编研成果。

（2）取得的成效

《核电文件档案管理》荣获国家档案局优秀科技成果三等奖并作为核工业档案学会推荐用书；《点亮兰台》福清核电文档管理纪实荣获国家档案局建设项目档案工作专题片二等奖。

12　研发音像档案管理系统

（1）主要做法

为有效解决音像档案收集难度大、规范性差的问题，福清核电从项目开工伊始就开始研究和探索音像档案收集、管理和利用的规范化模式。建立了中核集团核电数码照片档案采集标准，形成了《核电数码照片档案采集标准》并报中核集团档案馆备案。根据中核集团档案馆的安排，研发建立了音像福核档案管理系统（FAV）。该系统以网络为基础、以数据为核心、以三级（个人、部门/参建单位、公司）动态管理为手段，建立了档案门户、数据采集、档案管理、档案利用、电子地图、系统维护等六大功能模块，将采集工作延伸到参与项目建设各个单位及个人。

（2）取得的效果

实现了数据源头采集，多类型按需组卷、灵活授权、统一管理，并为核电项目业主与总包商、分包商之间提供档案采集、归档的快捷通道。实现了对有效的音像档案电子数据（包括照片、底片、录像带等）全方位一体化管控，将音像档案资源有效共享、充分利用，最终实现音像信息的全员化管理。该系统平台已陆续在核电同行推广使用。

13 建立健全文档管控网络

（1）主要做法

1）主导文档合同条款谈判

三门核电坚持以合同为依据“有理、有利、有节”对承包商进行管理，在各类合同中设立文档管理专项条款。信息文档处在公司授权下坚持从“细化文档管控要求、丰富过程管控方式、设置考核保障措施”三个纬度、层层推进编制各类合同文档条款，全面主导文档合同谈判工作。协调、确保文档条款有效落实，筑牢文档前端管控基石。

2）持续强化文档过程控制

三门核电坚持从“人、机、料、法、环”等方面分析、细化管控要求，构建多重文档管控网络，公司与承包商均建立了文档管控专项组织机构、配备合格文档专、兼职人员，结合“文件生命周期”构建完善的文档管控程序体系，建立高效的文档流转、跟踪机制，搭建文档专题、例行会议及层级分明的问题反馈、沟通、协调平台。确保有效强化文档过程控制。

3）设置文档专项考核资金

三门核电将多年的文档管理经验落实到合同文本中，主导合同的谈判，提出在合同中设置文档专项考核资金的管理思路：

① 合同中设置重要文件和档案提交支付控制点，文档人

员参与支付会签，文档考核不通过则不支付。

② 项目考核资金中设置占比 40%的文档专项考核资金，每季度对文件提交进度和质量进行考核和支付控制。

（2）取得的成效

通过以上手段，协调、确保合同文档条款有效落实，筑牢了合同文档前端管控基石，确保有效强化文档过程控制，有效地保障了文档管理要求得到落实。

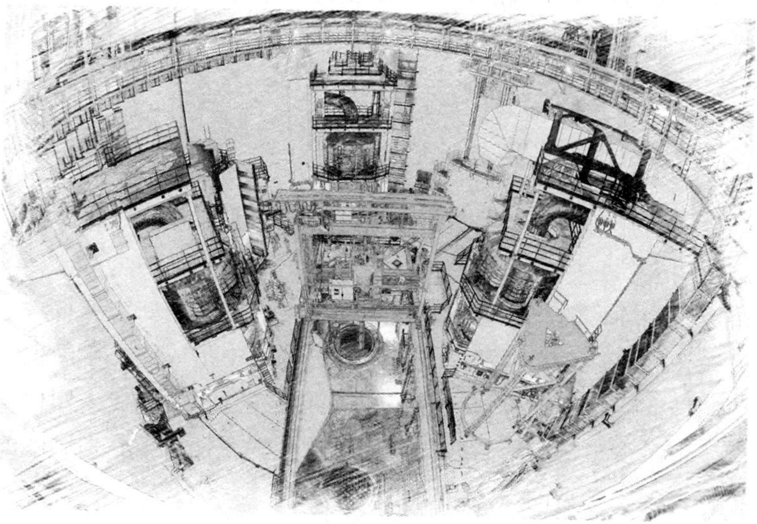

14 预登记合同项目档案信息

（1）主要做法

海南核电为确保承包商及时、合规地归档文件，文档管理部门在合同分发环节对合同文本进行审查，对于会形成项目归档文件的合同（如基建合同、设备采购合同、设计合同、勘察合同、研究合同、咨询合同等）进行登记，提醒项目负责人同步做好归档工作。信息文档处参与合同中文档条款的审核，并对所有合同除质保金之外的最后一次付款进行会签，未提交合同相关项目成果文档的，将不予支付该笔合同款。并在年度归档计划制定时，将上一年度的预登记项目成果性文件列入归档计划，确保文件及时归档。

（2）取得的效果

文档部门通过合同文本审查，第一时间了解项目的性质，制定相应的归档策略。通过对项目档案进行预登记，实现对每个应归档项目的跟踪管理，确保归档文件的完整性。项目负责人在合同签订之初就清楚地被告知该项目中形成的文档是否需要归档，便于在项目执行过程中进行过程管控，确保了归档文件质量。最后，对所有合同进行付款会签，使这一系列制度的执行得到了有力的保障。

15　绘制文档资源逻辑地图

（1）主要做法

核电文档的种类和数量都比较多，且相互之间有着复杂的关联关系。为了梳理这些关联关系，将隐性知识显性化，海南核电从多个维度梳理了归档文件之间的关联关系，并用可视化的形式，编制了文档资源逻辑地图（图 4.2）。

海南核电文档人员在行政审批文件开发利用工作中，借助《核电前期工作指南》中描述的前期工作流程及与业务处室沟通的情况，对海南昌江核电项目行政审批文件内部逻辑关系进行深入挖掘，根据前期工作流程中所列工作内容找出一一对应的请示与批复文件，并根据不同的阶段梳理出各项专题以及行政审批文件清单，建立关键文件获取逻辑图，逻辑图中包含的信息量很大，每一项工作开展需要的请示，请示后得到的批复，包括批复的行政部门信息，涉及的各项工作报告（可行性研究报告、初步设计专篇、项目建议书）以及各类文件的档案编号等都一目了然。文件清单提供了全视角的知识范围和内容要点，使知识的梳理更加准确和系统。文件逻辑图提供了明确的知识获取时间节点以及清晰的逻辑关系，是立体、可视化的行政审批文件清单。文档人员对项目档案进行梳理，建立文件之间逻辑关系，把文档人员清楚的档案框架及结构组成通过逻辑图呈现出来，将存在与人脑的专家技能转化为可复用、可检索形式的知识，更有利于知识的利用与获取。

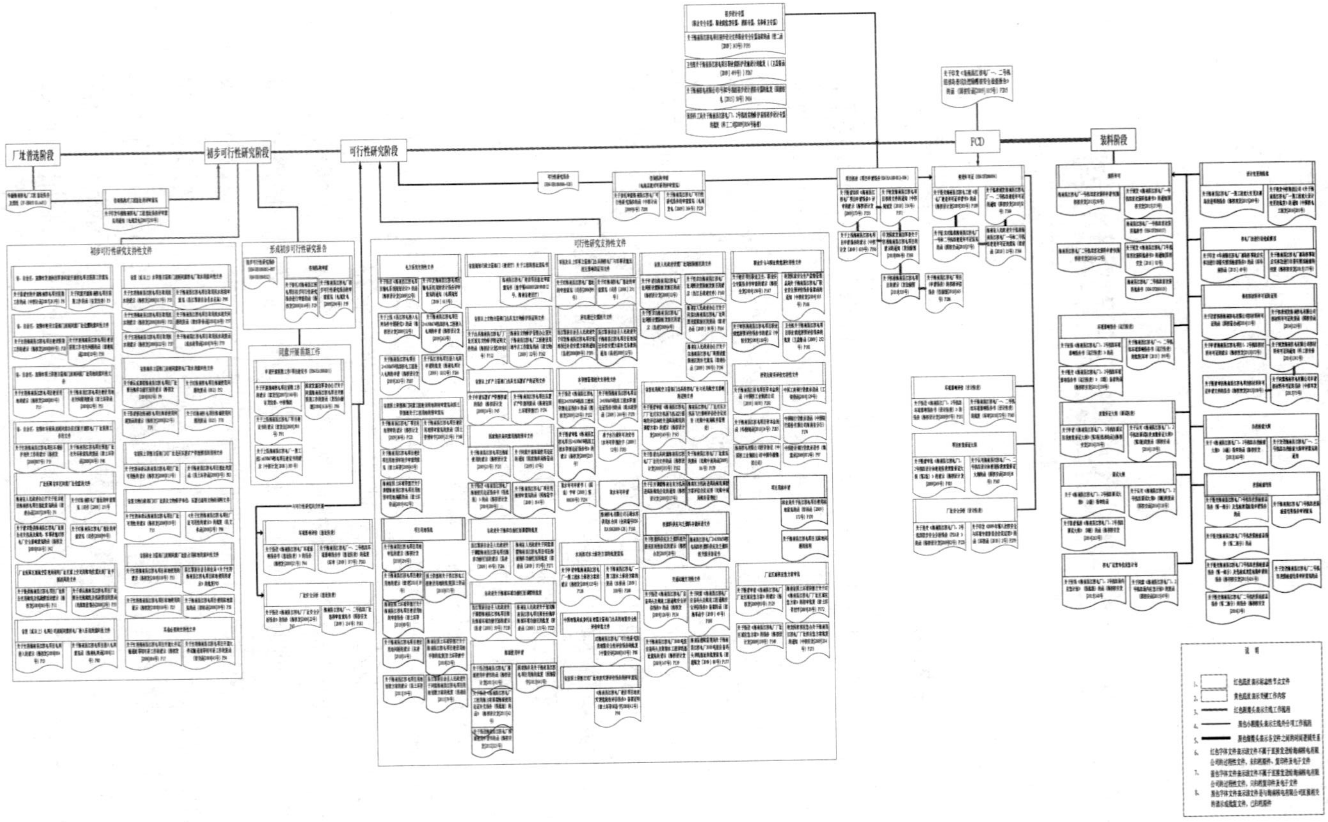

图 4.2 海南昌江核电 1、2 号机组行政审批文件逻辑图

海南核电还先后编制了《海南昌江核电1、2号机组核安全审评文件汇编》《海南昌江核电1、2号机组征地征海文件汇编》《海南昌江核电厂一期工程岩土工程勘察报告汇编》《变更改进项汇编》和《紧固件专项文档汇编》等汇编材料，紧密结合公司主线任务，得到了一致的好评。

（2）取得的效果

1）助力海南昌江核电项目通过国家档案局组织的档案验收。2019年3月4日至6日，国家档案局组织有关专家组成验收组，对海南昌江核电项目档案进行了验收，对海南核电的档案信息资源开发给予了高度的评价。

2）便于业务部门利用文档。通过对项目行政审批文件的开发利用，提高了文件的可用性和易用性，改善了业务部门的查询利用体验，满足了海南昌江核电3、4号机组及小堆示范项目前期工作开展的参考需求。通过以构筑物、设备、系统为核心，梳理各类项目档案之间的关联在为公司中心工作提供优质服务的同时更好地体现了档案及档案工作的价值。

3）这是知识管理在核电文档领域的一次成功实践。知识管理需要企业通过各种方式收集员工的隐性知识，并将隐性知识显性化，实现知识的有效传承，避免因人员变动带来的负面影响，最终实现企业的平稳运营。海南昌江核电项目人员流动性较大，随着人员的流失，离职员工的隐性知识，即所谓的经验，也会随着流失，这会对核电企业的稳定运营具有一定的负面影响，而海南核电本次行政审批文件开发利用采用了知识管理的理论和方法，对参与人员的隐性知识进行了深入挖掘，一定程度上避免了知识的流失，是知识管理在核电文档领域的一次成功实践，对于企业后续的知识管理具有很大的指导意义。

16　编制重要项目档案组卷说明

（1）主要做法

海南核电对数量多、体系复杂的档案编制组卷说明。例如“土建竣工文件组卷说明”“核岛安装文件组卷说明”“常规岛及BOP安装竣工文件组卷说明”等。

要求承包商在工程开工前后要编制完成《组卷规划》，报送总包方和业主审查。在《组卷规划》中明确组卷时间、组卷要求、组卷方法、文件质量要求等内容。在项目档案组卷完成时，编写组卷说明，详细说明实际的组卷情况。

组卷规划和说明包含的主要内容如下。

1）目的

说明编制组卷规划的目的或意义。

2）适用范围

说明组卷规划涉及的工程项目的范围。

3）依据性文件

说明制定组卷规划所依据的法律、法规、标准、管理程序等。

4）责任

明确竣工资料小组的人员构成，本单位各部门在文件组卷归档方面的职责，各自需要提交哪些类型的归档文件材料。

5）组卷时间

明确在工程施工进展到什么阶段时开展竣工文件的组卷工作，何时移交。

6）组卷要求

详细说明组卷过程中遵循的基本要求，具体内容应包括文件质量的要求、文件整理的要求等。

7）组卷内容

详细说明需要组卷的竣工文件包括哪些具体的文件资料，组卷内容参照《国家重大建设项目文件归档要求与档案管理规范》或其他行业档案规范所规定的范围。

8）组卷方法

明确待归档文件的组卷依据（如按子项、系统、专业或者功能等），如有分册要说明分册依据（如分部、分项等），同时，需要提供完整的分卷、分册清单，要明确公共卷、竣工图、声像档案和其他特殊介质档案组卷的方法。

9）文件质量要求

平时为保证工程文件质量应采取的措施，包括纸张质量、书写材料质量、签字盖章注意事项、文件原件要求、施工期间文件保管条件要求等。

（2）取得的效果

在项目开工之时明确档案收集范围、整理要求、归档进度计划，确保项目文件归档范围满足《建设项目档案管理规范》（DA/T 28—2018）和《国家重大建设项目档案验收标准》的要求。组卷规划的提交，也使得海南核电文档部门了解了归档文件的类型、内容，档案归档的一些细节要求更加具有针对性，大大提高了项目文件归档的计划性。

组卷说明由最熟悉档案形成情况的单位和人员对项目文件的组卷方式、文件联系、特殊情况进行最及时的记录，有利于后续文档管理人员和档案利用人员快速查找档案，提高了文档利用的便捷性。